福建省中等职业教育计算机应用基础学业水平考试备考宝典

福建省中等职业教育 计算机应用基础

学业水平考试综合模拟测验

 Windows 7　Office 2010

本书编写组　编

BASIS OF COMPUTER APPLICATION

华东师范大学出版社
ECNUP

图书在版编目(CIP)数据

福建省中等职业教育计算机应用基础学业水平考试综合模拟测验/《福建省中等职业教育计算机应用基础学业水平考试综合模拟测验》编写组编. —上海:华东师范大学出版社,2017
ISBN 978 - 7 - 5675 - 6718 - 4

Ⅰ. ①福… Ⅱ. ①福… Ⅲ. ①电子计算机—中等专业学校—习题集 Ⅳ. ①TP3 - 44

中国版本图书馆 CIP 数据核字(2017)第 183873 号

福建省中等职业教育计算机应用
基础学业水平考试综合模拟测验

编　　者　本书编写组
项目编辑　蒋梦婷
版式设计　庄玉侠
封面设计　黄　旭

出版发行　华东师范大学出版社
社　　址　上海市中山北路 3663 号　邮编 200062
网　　址　www.ecnupress.com.cn
电　　话　021 - 60821666　行政传真 021 - 62572105
客服电话　021 - 62865537　门市(邮购) 电话 021 - 62869887
地　　址　上海市中山北路 3663 号华东师范大学校内先锋路口
网　　店　http://hdsdcbs.tmall.com

印 刷 者　上海市崇明县裕安印刷厂
开　　本　787×1092　16 开
印　　张　4
字　　数　87 千字
版　　次　2017 年 11 月第 1 版
印　　次　2017 年 11 月第 1 次
书　　号　ISBN 978 - 7 - 5675 - 6718 - 4/G · 10512
定　　价　10.00 元

出 版 人　王　焰

(如发现本版图书有印订质量问题,请寄回本社客服中心调换或电话 021 - 62865537 联系)

目　　录

MULU

综合模拟测验

综合模拟测验(一)

一、单项选择题(共 20 小题,共 20 分)

1. 下列对电子邮件的叙述中正确的是(　　)。
   A. 不能给自己发送邮件　　B. 邮件只能发给一个人
   C. 邮件不能转发给他人　　D. 邮件能发给多人
2. 视频编辑不能完成的操作是(　　)。
   A. 为视频配声音　　B. 为场景中的人物重新设计动作
   C. 为视频添加字幕　　D. 将两个视频片断连在一起
3. 计算机问世至今已经历了四个时代,划分时代的主要依据是计算机的(　　)。
   A. 功能　　B. 电子元件　　C. 规模　　D. 性能
4. Internet 采用的主要协议是(　　)。
   A. TCP/IP　　B. HTTP　　C. POP3　　D. IPX/SPX
5. 下列用于图片编辑的工具软件是(　　)。
   A. ACDSee　　B. QQ　　C. Word　　D. Excel
6. 下列措施中不属于信息安全措施的是(　　)。
   A. 不要轻易点击陌生网友发来的链接　　B. 安装防火墙
   C. 经常重装计算机系统　　D. 经常更换资金账户密码
7. 按照计算机应用的分类,"铁路联网售票系统"属于(　　)。
   A. 辅助设计　　B. 信息处理　　C. 实时控制　　D. 科学计算
8. 下列设备中可以用来输入图片资料的设备是(　　)。
   A. 绘图仪　　B. 投影仪　　C. 打印机　　D. 扫描仪
9. 键盘上的上档键是(　　)。
   A. PrintScreen 键　　B. Tab 键　　C. Delete 键　　D. Shift 键
10. 在域名 www. fjtop. net 中,net 表示该网站属于(　　)。
    A. 网络机构　　B. 政府机构　　C. 商业机构　　D. 教育机构
11. 以下扩展名中属于可执行文件的扩展名的是(　　)。
    A. TXT　　B. BAK　　C. EXE　　D. MPG
12. 网络设备 Modem 指的是(　　)。
    A. 电话　　B. 网关　　C. 路由器　　D. 调制解调器
13. 图像的亮度是指(　　)。
    A. 显示器的明暗程度　　B. 图像画面的明暗程度
    C. 颜色的深浅程度　　D. 颜色的纯度
14. 下列单位中用于表示计算机存储容量单位的是(　　)。
    A. MIPS　　B. GHz　　C. GB　　D. Mb/s

15. 下列设备中属于多媒体设备的是(　　)。

A. 固定电话机　　B. 路由器　　C. 智能手机　　D. 交换机

16. QQ 影音播放器不能播放(　　)。

A. play. jpg　　B. play. mp3　　C. play. avi　　D. play. wma

17. 下列传输介质中，传输速度最快的是(　　)。

A. 双绞线　　B. 电话线　　C. 同轴电缆　　D. 光纤

18. HTTP 是指(　　)。

A. 高级语言　　B. 域名

C. 网址　　D. 超文本传输协议

19. 计算机网络最突出的优点是(　　)。

A. 运算速度快　　B. 提高计算机的存储容量

C. 提高计算机系统的可靠性　　D. 实现资源共享和快速通信

20. 下列地址中合法的 IP 地址是(　　)。

A. 203.257.0.1　　B. 256.23.1.2

C. 202.234.17.28　　D. 202.202.1

二、综合应用题(共 5 小题，共 80 分)

[本题中考生文件夹指“D:\xysp01”。]

21. Windows 7 基础操作。

(1) 在“D:\xysp01\6”下创建名为“中文”和“英文”的两个文件夹；

(2) 将“D:\xysp01\6”下的文件夹“PRAT”更名为“PTRE”；

(3) 将“D:\xysp01\6”下的“nproper. xls”和“twer. doc”两个文件复制到“英文”文件夹中；

(4) 删除“D:\xysp01\6”下“Works”文件夹中的所有文件；

(5) 将“D:\xysp01\6\NWRE”文件夹下的文件“Flash. xsd”设置成只读属性；

(6) 将“D:\xysp01\6”下的文件“serpr. txt”和“tscon. txt”移动到“中文”文件夹下；

(7) 将“D:\xysp01\6”下的“AAA. xls”和“BBB. DOC”两个文件压缩成名为“办公文档. RAR”的文件，并保存在“D:\xysp01\bg”下。

22. Word 2010 应用。

打开考生文件夹中的 Word 文档“Wd1. docx”进行以下操作并保存。(操作要求：不要对文档做题目没有要求的改动；未规定的设置一律取默认值)

(1) 设置页面页边距为上下各 2.5 厘米，左右各 2 厘米；

(2) 正文各段字号设置为小四；

(3) 正文第 2 段字体颜色设置为蓝色；

(4) 设置标题“福建土楼”为艺术字，艺术字样式为第 4 行第 2 列；

(5) 艺术字的文字环绕方式为顶端居左、四周型环绕；

(6) 在文档中插入图片“D:\xysp01\33\fjtl. jpg”，文字环绕方式为顶端居中、四周型环绕；

(7) 在页脚处插入页码“1”，并居中；

(8) 在文档末尾创建一个 6 行 4 列的表格；

(9) 将表格最后一行设置为黄色底纹；

(10) 完成后直接保存并关闭 Word 程序。

23. Excel 2010 应用。

打开考生文件夹中的文件“excel1. xlsx”进行以下操作并保存。

(1) 将“耐用消费品”列与“服装”列对调;

(2) 将 A1:F1 单元格合并居中;字体为楷体、加粗,字号为 18,颜色为红色;

(3) 将 A 至 F 列的列宽设为 11;

(4) 将 A2:F2 单元格背景设为浅绿色;

(5) 在单元格区域 F3:F8 用函数计算机各城市的“总消费”;

(6) 将 B2:F8 单元格的对齐方式设为水平居中;

(7) 将单元格区域 A2:F8 以“总消费”为关键字升序排序;

(8) 保存文档并关闭 Excel 应用程序。

24. 打字题。

清江方山风景区,处于清江国家森林核心区,是按国家 5A 标准打造的旅游风景区。景区总面积 60 平方公里。这个处于北纬 30 度线上的神秘地带,奇峰林立,瀑布满山,移步换景,如诗如画。

25. PowerPoint 2010 应用题。

打开考生文件夹下的文件“xysp. pptx”,进行以下操作后并保存。

(1) 在演示文稿开始处插入一张“标题幻灯片”,作为文稿的第一张幻灯片,标题键入“南乡子”,设置为黑体、加粗、54 磅;

(2) 使用“气流”模板修饰全文,幻灯片背景样式设置为“样式 7”;

(3) 为第二张幻灯片中的文本框设置动画效果:进入动画为“形状”、“方框”,在“上一动画之后”开始;

(4) 在第一张幻灯片中插入“D:\xysp01\39\bgsound. mid”背景音乐,设置为“跨幻灯片播放”、“放映时隐藏”;

(5) 完成后直接保存并关闭 PowerPoint 程序。

综合模拟测验(二)

一、单项选择题(共 20 小题,共 20 分)

1. 用户的电子邮箱是(　　)。
   A. 邮件服务器硬盘上的一块区域　　B. 用户计算机硬盘上的一块区域
   C. 通过邮局申请的个人信箱　　D. 邮件服务器内存中的一块区域
2. 在 IE 浏览器中,重新下载当前网页,可以单击工具栏上的(　　)。
   A. "收藏"按钮　　B. "刷新"按钮　　C. "停止"按钮　　D. "历史"按钮
3. 下列可以将 avi 格式文件转换为 mp4 格式文件的软件是(　　)。
   A. ACDsee　　B. 美图秀秀　　C. 格式工厂　　D. QQ 音乐
4. 下列可用于多媒体作品集成的软件是(　　)。
   A. 暴风影音　　B. PowerPoint
   C. Windows Media Player　　D. Flashget
5. 键盘上的 CapsLock 键是(　　)。
   A. 数字锁定键　　B. 回车键　　C. 大小写锁定键　　D. 退格键
6. 美图秀秀中锐化人物图片是为了使(　　)。
   A. 人物的轮廓更清晰　　B. 皮肤更白皙
   C. 眼睛自然有神　　D. 人物的气色更红润
7. 在域名 www.163.com 中,"com"表示机构所属类型为(　　)。
   A. 政府机构　　B. 教育机构　　C. 商业机构　　D. 军事机构
8. 网络中的专业名称 URL 表示(　　)。
   A. 统一资源定位器　　B. 网络协议　　C. 网站域名　　D. 网络位置
9. 小红要把照片存储到网络上,下列符合要求的是(　　)。
   A. U 盘　　B. 光盘　　C. 硬盘　　D. 云盘
10. 迅雷软件主要用于(　　)。
    A. 在线翻译　　B. 收发邮件　　C. 资源下载　　D. 即时通讯
11. 多媒体应用中,属于平面设计领域的是(　　)。
    A. 影视制作　　B. 制作演示文稿　　C. 数码照片处理　　D. 动画制作
12. 数码相机里的照片可以利用计算机软件进行处理,计算机的这种应用属于(　　)。
    A. 图像处理　　B. 嵌入式系统　　C. 辅助设计　　D. 实时控制
13. 下列属于计算机输入设备的是(　　)。
    A. 投影仪　　B. 绘图仪　　C. 麦克风　　D. 音箱
14. 下列属于计算机网络连接设备的是(　　)。
    A. 路由器　　B. 电话机　　C. 声卡　　D. 摄像机
15. 英文缩写 CAI 的中文意思是(　　)。
    A. 计算机辅助测试　　B. 计算机辅助设计
    C. 计算机辅助制造　　D. 计算机辅助教学
16. 计算机软件系统由两大部分组成,它们是(　　)。
    A. 系统软件和 Office 软件　　B. 操作系统和应用软件

C．数据库软件和图像处理软件　　D．系统软件和应用软件

17. 表示十六进制数的字母是(　　)。

A．B　　B．H　　C．O　　D．D

18. 计算机的存储容量单位中，1GB 等于(　　)。

A．3×1024B　　B．1024×1024×1024B

C．1000×1000×1000B　　D．1000×1000B

19. 下列叙述正确的是(　　)。

A．计算机病毒会危害计算机用户的健康

B．杀毒软件可以查杀任何种类的病毒

C．感染过计算机病毒的计算机具有对该病毒的免疫性

D．杀毒软件通常滞后于计算机新病毒的出现

20. 在网上使用搜索引擎查找信息时，必须输入(　　)。

A．关键字　　B．网址　　C．名称　　D．类型

二、综合应用题(共 5 小题，共 80 分)

[本题中考生文件夹指“D:\xysp02”。]

21. Windows 7 基础操作。

(1) 在“D:\xysp02\5”下创建名为“创业库”和“人才库”的两个文件夹；

(2) 将“D:\xysp02\5”下的“config. txt”更名为“ks. txt”；

(3) 删除“D:\xysp02\5”下的“Host”文件夹；

(4) 将“D:\xysp02\5”下的“sers. xsd”文件夹设置成只读属性；

(5) 将“D:\xysp02\5”下的“CN”文件夹复制到“D:\xysp02\5\abc”文件夹中；

(6) 将“D:\xysp02\5”下的文件“RTG. doc”和“kstest. txt”移动到“人才库”文件夹下；

(7) 将“D:\xysp02\5”下的“snace”文件夹压缩为“考试. RAR”的文件，并存放在“D:\xysp02\5”下。

22. Word 2010 应用。

打开考生文件夹中的 Word 文档“Wd2. docx”，进行以下操作并保存。(操作要求：不要对文档做题目没有要求的改动；未规定的设置一律取默认值)

(1) 设置页面页边距为上下各 2 厘米，左右各 3 厘米；

(2) 利用查找替换，将文档中所有“红萝卜”替换为“胡萝卜”；

(3) 将第 1 行标题加粗；

(4) 为正文第 1 段设置上下边框线，线型为双波浪线；

(5) 设置正文第 2 段段前间距为 0.5 行；

(6) 在页眉处插入页码“1/1”，并居中；

(7) 在文档末尾创建一个 6 行 3 列的表格；

(8) 将表格第 2 列设置为浅绿色底纹；

(9) 将表格的内外框线都设置为双实线；

(10) 完成后直接保存并关闭 Word 程序。

23. Excel 2010 应用。

打开考生文件夹中的文件“excel1. xlsx”，在工作表 sheet1 中进行以下操作并保存。

(1) 将 A1:F1 单元格合并后居中，字体设置为黑体，字号为 18，颜色为红色；

(2) 完成单元格区域 A3:A22 员工编号的自动填充；

(3) 将第 1 到 24 行行高设为 20，A 至 F 列的列宽设为 10；

(4) 用公式计算出实发工资(实发工资=基本工资+奖金)；

(5) 在单元格 D23 用函数计算出基本工资中的最高工资；

(6) 在单元格 D24 用函数计算出基本工资中的最低工资；

(7) 用条件格式的“突出显示单元格规则”将 F3:F22 中“大于 1500”的单元格设置为“黄填充色深黄色文本”；

(8) 保存文档并关闭 Excel 应用程序。

24. 打字题。

英国一个研究团队日前在《英国医学杂志》上发表报告说，每天摄入一定量的咖啡有助降低肝癌风险。该研究结果显示，每天饮用一杯咖啡肝癌风险下降 20%，饮用两杯咖啡对应的下降幅度达 35%。

25. PowerPoint 2010 应用。

打开考生文件夹下的文件“xysp. pptx”，进行以下操作并保存。

(1) 在演示文稿开始处插入一张“标题幻灯片”作为文稿的第一张幻灯片，标题键入“浪淘沙”，设置为黑体、加粗、72 磅；

(2) 使用“跋涉”模板修饰全文，幻灯片背景样式设置为“样式 12”；

(3) 为第二张幻灯片中的文本设置动画效果：退出动画为“飞出”、“到右侧”；

(4) 将幻灯片的切换效果设置成“涟漪”、“从左上部”，应用于全部幻灯片；

(5) 完成后直接保存并关闭 PowerPoint 程序。

综合模拟测验(三)

一、单项选择题(共20小题,共20分)

1. 在互联网上发送电子邮件时,下列说法不正确的是(　　)。
A. 需要知道收件人的电子邮箱和密码　　B. 自己可以给自己发电子邮件
C. 电子邮件中还可以发送文件　　D. 自己要有一个电子邮箱和密码

2. 浏览网页过程中,当鼠标移动到超链接区域时,指针形状一般变为(　　)。
A. 禁止图案　　B. 下拉箭头　　C. 双向箭头　　D. 小手形状

3. 下列不属于常用的即时聊天软件的是(　　)。
A. 微信　　B. MSN　　C. 酷狗　　D. QQ

4. 下列软件中属于应用软件的是(　　)。
A. DOS　　B. PowerPoint　　C. 数据库管理系统　　D. Windows 7

5. 下列表示"统一资源定位器"的是(　　)。
A. DNS　　B. FTP　　C. URL　　D. HTTP

6. 目前,美图秀秀最主要的功能是(　　)。
A. 动画制作　　B. 文字编辑　　C. 图片处理　　D. 音频制作

7. 下列不属于常用下载工具软件的是(　　)。
A. 暴风影音　　B. 迅雷　　C. 网络蚂蚁　　D. 网际快车

8. 下列键盘上的按键可以实现"插入"与"改写"状态切换的是(　　)。
A. Backspace　　B. Enter　　C. Insert　　D. Delete

9. 下列不属于人工智能应用的是(　　)。
A. 语音识别系统　　B. 人脸识别系统　　C. 自然语言理解　　D. 编辑文稿

10. 下列计算机应用项目中,属于科学计算应用领域的是(　　)。
A. 数控机床　　B. 民航联网订票系统
C. 人机对弈　　D. 天气预报

11. 下列不属于存储介质的是(　　)。
A. U盘　　B. 光盘　　C. 网卡　　D. SD卡

12. 下列不属于网络购物网站的是(　　)。
A. 搜狗网　　B. 京东商城　　C. 亚马逊　　D. 阿里巴巴

13. 下列可用于多媒体数据输出的设备是(　　)。
A. 摄像头　　B. 话筒　　C. 手写板　　D. 投影仪

14. 用来访问Internet网上www页面的软件称为(　　)。
A. 编辑器　　B. 服务器　　C. 转换器　　D. 浏览器

15. 下列不属于音频文件类型的是(　　)。
A. wma　　B. wav　　C. avi　　D. mp3

16. 网络中不常用的图片格式是(　　)。
A. png　　B. jpg　　C. gif　　D. bmp

17. 下列软件下载安装后,不能播放音乐的是(　　)。
A. Windows Media Player　　B. QQ影音

C. 酷狗音乐　　D. ACDSee

18. CPU 要使用外存储器中的信息,应该先将其调入(　　)。

A. 微处理器　　B. 内存储器　　C. 运算器　　D. 控制器

19. 以下可以用来采集数字图像信息的设备有(　　)。

① 数码照相机　② 扫描仪　③ 数码摄像机　④ 刻录机

A. ①②③　　B. ①②④　　C. ②③④　　D. ①③④

20. 以下哪个软件可以播放一段视频(　　)?

A. Thunder　　B. Media Player　　C. WinZip　　D. ACDSee

二、综合应用题(共 5 小题,共 80 分)

[本题中考生文件夹指"D:\xysp03"。]

21. Windows 7 基础操作。

(1) 在"D:\xysp03\12"下创建名为"kscs"的文件夹;

(2) 在"D:\xysp03\12"文件夹中删除名为"test1. txt"的文件;

(3) 将"D:\xysp03\12"文件夹中名为"cs. docx"的文件设置为只读属性;

(4) 为"D:\xysp03\12\qvod\mov"文件夹中名为"yywr. xlsx"的文件创建桌面快捷方式;

(5) 将"D:\xysp03\12\edu\eou"文件夹中名为"abc. rar"的文件复制到"D:\xysp03\12\eq"文件夹中;

(6) 将"D:\xysp03\12\mv"文件夹中名为"aq. pptx"的文件移动到"D:\xysp03\12\add"文件夹中;

(7) 将"D:\xysp03\12"下"ra. crd"文件进行压缩,压缩文件名为"ra. rar"保存到"D:\xysp03\12"中。

22. Word 2010 应用。

打开考生文件夹中的 Word 文档"Wd3. docx",进行以下操作并保存。(操作要求:不要对文档做题目没有要求的改动;未规定的设置一律取默认值)

(1) 设置页面纸张大小,宽为 22 厘米、高为 28 厘米,纸张方向为"横向";

(2) 第 1 行"科普生活"设置为华文隶书,正文设置为楷体;

(3) 第 1 行右对齐;

(4) 正文各段左右各缩进 2 个字符;

(5) 为正文第 2、3、4、5 段添加项目符号"◆";

(6) 正文第 1 段加着重号;

(7) 在文档末尾创建一个 5 行 3 列的表格;

(8) 将表格第 1 行设置为橙色底纹;

(9) 将表格的内边框线设置为第三种线型;

(10) 完成后直接保存并关闭 Word 程序。

23. Excel 2010 应用。

打开考生文件夹中的文件"excel1. xlsx",进行以下操作并保存。

(1) 将 A1:G1 单元格合并后居中,字体设置为黑体,字号为 18,颜色为红色;

(2) 完成单元格区域 A3:A15 产品编号的自动填充;

(3) 将 A 至 F 列的列宽设置为 9;

(4) 在单元格区域 G3:G15 用公式(月平均销售额=销售数量 * 销售价格/6)计算出各产品上半年的“月平均销售额”,设置为数值型,不保留小数位;

(5) 将 A2:G15 单元格的对齐方式设为水平居中;

(6) 将 A2:G2 单元格背景设为“浅绿”;

(7) 将工作表中的数据分类汇总,分类字段为“销售地区”,汇总方式为“求和”,汇总项为“月平均销售额”;

(8) 保存文档并关闭 Excel 应用程序。

24. 打字题。

国际足联(FIFA)秘书长萨穆拉 5 月 31 日表示,相信在不远的将来世界杯会在中国举办。萨穆拉说:“中国以及其他许多亚洲国家或地区在世界杯中将会做得很好。中国足球的未来一定是光明的。”

25. PowerPoint 2010 应用。

打开考生文件夹下的文件“xysp. pptx”,进行以下操作后并保存。

(1) 在演示文稿开始处插入一张“标题幻灯片”,作为文稿的第一张幻灯片,标题键入“渔父”,设置为楷体、加粗、66 磅;

(2) 使用“龙腾四海”模板修饰全文,幻灯片背景样式设置为“样式 11”;

(3) 将第二张幻灯片中的文本动画进入效果设置为动画“飞入”、“自右下部”;

(4) 将幻灯片的切换效果设置成“飞过”、“弹跳切入”,应用于全部幻灯片;

(5) 完成后直接保存并关闭 PowerPoint 程序。

综合模拟测验(四)

一、单项选择题(共 20 小题,共 20 分)

1. 关于“勒索病毒”的叙述,错误的是(　　)。

A. “勒索病毒”能自我复制　　B. “勒索病毒”会损伤硬盘

C. “勒索病毒”会破坏计算机数据　　D. “勒索病毒”是一个程序

2. 在因特网上的每一台主机都有唯一的地址标识,它是(　　)。

A. IP 地址　　B. 用户名

C. 计算机名　　D. 统一资源定位器

3. 下列事例中应用了多媒体技术的有(　　)。

① 教学视频　② 有线电视　③ 手机彩信　④ 编辑源程序

A. ①②④　　B. ①③④　　C. ②③④　　D. ①②③

4. 完整的计算机系统包含(　　)。

A. CPU 和存储器　　B. 控制器和运算器

C. 硬件系统和软件系统　　D. 主机和外设设备

5. 防火墙用于(　　)。

A. 防止火灾　　B. 保护网线

C. 抗电磁干扰　　D. 将 Internet 和内部网络隔离

6. 在多媒体课件中根据用户答题情况给予正确或错误的回复,突出显示了多媒体技术的(　　)。

A. 非线性　　B. 集成性　　C. 交互性　　D. 多样性

7. 迅雷软件主要用于(　　)。

A. 在线翻译　　B. 收发邮件　　C. 即时通讯　　D. 资源下载

8. 在计算机网络中,通常把提供并管理共享资源的计算机称为(　　)。

A. 工作站　　B. 交换机　　C. 调制解调器　　D. 服务器

9. 域名中 CN 代表(　　)。

A. 加拿大　　B. 新西兰　　C. 中国　　D. 美国

10. 计算机对文字、图形、图像、声音、动画、动态影像等综合处理,这是利用计算机的(　　)。

A. 网络技术　　B. 数据管理技术

C. 多媒体技术　　D. 人工智能技术

11. 计算机用于人口普查,其所属的应用领域是(　　)。

A. 数据处理　　B. 过程控制　　C. 人工智能　　D. 科学计算

12. 从网上下载软件时,使用的网络服务类型是(　　)。

A. 文件传输　　B. 远程登录　　C. 电子邮件　　D. 信息浏览

13. 下列关于世界上第一台电子数字计算机 ENIAC 的说法中不正确的是(　　)。

A. 它诞生于美国

B. 它诞生于 1946 年

C. 它主要用于军事

D. 它所使用的语言是高级程序设计语言

14. 计算机有多种技术指标,其中决定计算机的计算精度的是(　　)。

A. 字长　　B. 运算速度　　C. 进位数制　　D. 存储容量

15. 下列依次为二进制数、八进制数和十六进制数的是(　　)。

A. 12,77,10　　B. 12,80,10　　C. 11,78,19　　D. 11,77,1E

16. 计算机断电后,数据会丢失的存储器是(　　)。

A. 硬盘　　B. RAM　　C. U 盘　　D. ROM

17. “裸机”是指(　　)。

A. 没有机箱的计算机　　B. 装有应用软件的计算机

C. 未装任何软件的计算机　　D. 只装操作系统的计算机

18. 下列选项中,都属于图像处理软件的是(　　)。

① Photoshop　② 美图秀秀　③ WinRAR　④ ACDSee

A. ①②③　　B. ②③④　　C. ①③④　　D. ①②④

19. 以下因素中不会影响计算机图像质量的参数是(　　)。

A. 颜色位数　　B. 分辨率

C. 图像尺寸　　D. 加工图像的软件

20. 下列全属于多媒体信息范畴的是(　　)。

A. 书籍、试卷　　B. 文字、图像

C. 报纸、课本　　D. 电脑、显示器

二、综合应用题(共 5 小题,共 80 分)

[本题中考生文件夹指“D:\xysp04”。]

21. Windows 7 基础操作。

(1) 在“D:\xysp04\PUT”文件夹中新建一个名为“HUX”的文件夹;

(2) 将“D:\xysp04\PUT\MICRO”中的文件“XSAK. BAS”删除;

(3) 将“D:\xysp04\COOK”中的文件“ARAD. WPS”复制到“D:\xysp04\ZUME”文件夹中;

(4) 将“D:\xysp04\ZUME\ZOOM”中的文件“MACRO. OLD”设置成隐藏属性;

(5) 将“D:\xysp04\BEI”中的文件“SOFT. BAS”重命名为“BUAA. BAS”;

(6) 为“D:\xysp04\BEI”中的文件“BOS. EPF”创建名称为“EOC”的桌面快捷方式;

(7) 将“D:\xysp04\16”下的“APC. xls”和“BPC. DOC”两个文件压缩成名称为“APC. RAR”的文件,并保存在“D:\xysp04\bg”中。

22. Word 2010 应用。

打开考生文件夹中的 Word 文档“Wd4. docx”,进行以下操作并保存。(操作要求:不要对文档做题目没有要求的改动;未规定的设置一律取默认值)。

(1) 设置页面页边距为上下各 2.6 厘米,左右各 3.2 厘米;

(2) 将第 1 行行标题设置为隶书、加粗、三号,字体颜色为红色;

(3) 将标题文字居中对齐;

(4) 将正文各段首行缩进 2 字符;

(5) 将正文各段段间距设置为段前、段后各 0.5 行;

(6) 将正文的行距设置为固定值 18 磅；

(7) 为正文第 2、3 段添加项目符号"●"；

(8) 在文档末尾插入一个 4 行 4 列的表格，为表格添加双实线外边框；

(9) 将表格单元格对齐方式设置为水平居中；

(10) 完成后直接保存并关闭 Word 程序。

23. Excel 2010 应用。

打开考生文件夹中的文件"excel1. xlsx"，在 sheet1 工作表中进行以下操作并保存。

(1) 将 A1:H1 单元格合并后居中；

(2) 设置合并后的 A1 单元格字体为楷体，字号为 18，颜色为红色，填充黄色背景；

(3) 在单元格区域 A3:A12 完成学号的自动填充；

(4) 用函数计算出总分和平均分，平均分保留 2 位小数；

(5) 将单元格区域 A2:H12 的所有框线设置为"双实线"；

(6) 用自动筛选的方式，筛选出所有平均分大于 80 分的男生记录；

(7) 将工作表 Sheet1 改名为"成绩表"；

(8) 保存文档并关闭 Excel 应用程序。

24. 打字题。

ESPN 结合了球员的收入、社交网络影响力、谷歌搜索量等多个元素统计调研得出，当今世界上最著名的运动员是皇马的足球明星罗纳尔多，NBA 球星詹姆斯排在第二，巴萨的梅西位列第三。

25. PowerPoint 2010 应用。

打开考生文件夹下的文件"xysp. pptx"，进行以下操作并保存。

(1) 在演示文稿开始处插入一张"标题幻灯片"作为文稿的第一张幻灯片，标题键入"浣溪沙"，设置为仿宋体、倾斜、68 磅；

(2) 使用"聚合"模板修饰全文，"样式 6"；

(3) 将第二张幻灯片中的文本进入动画设置为"浮入"、"下浮"、"上一动画之后"开始；

(4) 切换效果设置成"飞过"、"弹跳切入"，应用于全部幻灯片；

(5) 完成后直接保存并关闭 PowerPoint 程序。

综合模拟测验(五)

一、单项选择题(共 20 小题,共 20 分)

1. 能直接与 CPU 交换信息的存储器是(　　)。

A. U 盘　　B. 硬盘　　C. 光盘　　D. 内存

2. 计算机的存储容量单位中,1TB 等于(　　)。

A. 1000KB　　B. 1024GB　　C. 1000GB　　D. 1024MB

3. 下列不属于搜索引擎的是(　　)。

A. Sogou　　B. Baidu　　C. Taobao　　D. Google

4. 下列不属于多媒体计算机输出设备的是(　　)。

A. 音箱　　B. 显示器　　C. 打印机　　D. 扫描仪

5. 计算机的性能指标中用 GHz 表示(　　)。

A. 存储器容量　　B. 字长

C. CPU 运算速度　　D. CPU 时钟频率

6. 当前计算机的应用领域极为广泛,但其应用最早的领域是(　　)。

A. 过程控制　　B. 数据处理　　C. 人工智能　　D. 科学计算

7. 计算机辅助设计的英文缩写是(　　)。

A. CAI　　B. CAT　　C. CAD　　D. CAM

8. 多媒体应用中,属于平面设计领域的是(　　)。

A. 播放电影　　B. 设计动漫　　C. 招生海报设计　　D. 编辑网站

9. 为了避免混淆,二进制数在书写时除了用下标表示的进制外,也可以在数的后面加字母(　　)。

A. B　　B. D　　C. O　　D. H

10. 下列可以采集到音频信息的设备是(　　)。

A. 音箱　　B. 传真机　　C. 麦克风　　D. 投影仪

11. 下列顶级域名中表示政府类的是(　　)。

A. edu　　B. mil　　C. org　　D. gov

12. Internet 起源于(　　)。

A. 美国　　B. 英国　　C. 中国　　D. 法国

13. 下列不能用于展示个人日志的是(　　)。

A. 博客　　B. 微博　　C. QQ 空间　　D. 电子邮箱

14. 文件传输协议的简称是(　　)。

A. HTTP　　B. POP　　C. FTP　　D. SMTP

15. 要在因特网上查找和搜索相关资料,可以使用(　　)。

A. 电子邮件　　B. HTML　　C. JAVA　　D. 搜索引擎

16. 使用第四代移动通信技术的手机,简称为(　　)。

A. 3G 手机　　B. 4G 手机　　C. 5G 手机　　D. 6G 手机

17. 以下属于合法的 IP 地址的是(　　)。

A. 120.100.256.1　　B. 120.100.1

C. 123.202.105.1　　D. 300.202.1.0

18. 下列都属于非实时信息交流方式的是(　　)。

A. IP 电话、电子邮件　　B. IP 电话、QQ 聊天

C. QQ 聊天、BBS 论坛　　D. 电子邮件、BBS 论坛

19. 下列属于视频文件格式的是(　　)。

A. wav　　B. pdf　　C. jpg　　D. avi

20. 多媒体中的"媒体"是指(　　)。

A. 各种信息的编码　　B. 表示和传播信息的载体

C. 计算机屏幕显示的信息　　D. 输入和输出设备

二、综合应用题(共 5 小题,共 80 分)

[本题中考生文件夹指"D:\xysp05"。]

21. Windows 7 基础操作。

(1) 在"D:\xysp05\33"中创建名为"DBP6. TXT"的文件,并设置为只读属性;

(2) 将"D:\xysp05\34"文件夹中所有的扩展为"bak"的文件删除;

(3) 将"D:\xysp05\34"下的文件夹"WXP"改名为"WINXP";

(4) 将"D:\xysp05\ERPT"中的文件"SGACQ. BAT"移动到"D:\xysp05\UP"中;

(5) 将"D:\xysp05\JPNEQ"中的文件"AEPH. BAK"与"BEPH. BAK"复制到"D:\xysp05\MAXD"文件夹中;

(6) 为"D:\xysp05\MPG"中的"DEVAL. EXE"文件建立名为"LDEV"的快捷方式,存放在"D:\xysp05\UP"文件下;

(7) 将"D:\xysp05\35"中的文件"OFFICE. RAR"解压到"D:\xysp05\36"。

22. Word 2010 应用。

打开考生文件夹中的 Word 文档"Wd5. docx",进行以下操作并保存。(操作要求:不要对文档做题目没有要求的改动;未规定的设置一律取默认值)

(1) 设置页面纸张大小,宽度为 20 厘米,高度为 29 厘米;左右页边距各 3 厘米;

(2) 将第一行标题设置为隶书、加阴影、二号,字体颜色为红色;

(3) 将第 1 行标题居中对齐;

(4) 正文各段首行缩进 2 字符,段前、段后各 1 行;

(5) 将正文行距设置为固定值 20 磅;

(6) 为正文第 1 段添加黄色的底纹;

(7) 在文档中插入图片"Y:\30\一带一路. jpg",图片缩放为原图的 50%,文字环绕方式为"中间居中,四周型文字环绕";

(8) 在页眉处添加文字"一带一路",并居中;

(9) 在文档末尾插入 3 行 3 列的表格,并将表格第 1 列合并为一个单元格;

(10) 完成后直接保存并关闭 Word 程序。

23. Excel 2010 应用。

打开考生文件夹中的文件"excel1. xlsx",在工作表 sheet1 中进行以下操作并保存。

(1) 将 A1:E1 单元格合并后居中,字体设置为仿宋体,字号为 16,颜色为蓝色;

(2) 将表头部分(职工号、车间、毛坯数、成品数、损耗数)填充浅绿色背景;

(3) 用公式计算所有员工的损耗数(损耗数=毛坯数—成品数);

(4) 设置单元格区域 A2:E15 外框(双实线)、内部(单实线);

(5) 将工作表中的数据以“车间”为关键字,升序排序;

(6) 将工作表中的数据分类汇总,分类字段为“车间”,汇总方式为“计数”,汇总项为“车间”;

(7) 删除工作表 Sheet2;

(8) 保存文档并关闭 Excel 应用程序。

24. 打字题。

美国总统是美利坚合众国的国家元首、政府首脑与三军统帅,根据 1787 年通过的美国宪法而设立,行使宪法赋予的行政权。每届任期 4 年,连选连任不得多于 2 次,也不能担任总统或执行总统职责超过 2 年后再被选为总统多于 1 次。

25. PowerPoint 2010 应用。

打开考生文件夹下的文件“xysp. pptx”,进行以下操作并保存。

(1) 在演示文稿开始处插入一张“标题幻灯片”作为文稿的第一张幻灯片,标题键入“忆江南”,设置为华文新魏、阴影、88 磅;

(2) 使用“暗香扑面”模板修饰全文,幻灯片背景样式设置为“样式 11”;

(3) 将第二张幻灯片中的文本动画进入效果设置为动画“缩放”、“幻灯片中心”、“上一动画之后”开始;

(4) 将幻灯片的切换效果设置成“闪耀”、“从左侧闪耀的菱形”,应用于全部幻灯片;

(5) 完成后直接保存,并关闭 PowerPoint 程序。

综合模拟测验(六)

一、单项选择题(共 20 小题,共 20 分)

1. CPU 不能直接访问的存储器是(　　)。

A. Cache　　B. RAM　　C. ROM　　D. 外存储器

2. 下列正确的电子邮件地址是(　　)。

A. fjqz. sina. com　　B. fjqz@sina. com

C. @fjqz. sina. com　　D. sina. com@fjqz

3. 以下属于系统软件的是(　　)。

A. 用友财务软件　　B. 微信　　C. Office2010　　D. Windows 7

4. 下列不属于视频文件类型的是(　　)。

A. mpg　　B. png　　C. wmv　　D. mp4

5. 计算机断电后,数据会全部丢失的存储器是(　　)。

A. 硬盘　　B. 内存　　C. U 盘　　D. 移动磁盘

6. 如果电子邮件到达时,对方离线,那么电子邮件将(　　)。

A. 被退回　　B. 丢失

C. 保存在邮件服务器上　　D. 需要重新发送

7. 查看某一网络公司的主页,应该知道(　　)。

A. 该公司的电子邮箱　　B. 该公司的办公地址

C. 该公司的网址　　D. 该公司的微信公众号

8. 世界上第一台电子数字计算机是 1946 年在美国研制成功的,该计算机的英文缩写名称为(　　)。

A. EDVAC　　B. Apnet　　C. EDSAC　　D. ENIAC

9. 多媒体应用中,属于影视制作领域的是(　　)。

A. MV 制作　　B. 听音乐

C. 数码照片处理　　D. 平面广告设计

10. "64 位计算机"中的 64 指的是(　　)。

A. 内存容量　　B. 运算速度　　C. 计算机的字长　　D. 微机型号

11. 采用 7 位二进制编码的 ASCII 码能表示的字符个数为(　　)。

A. 256　　B. 127　　C. 255　　D. 128

12. 一个汉字的国标码占用的存储字节是(　　)。

A. 4 个　　B. 8 个　　C. 2 个　　D. 1 个

13. 下列软件中,能将 wav 格式文件转换为 mp3 格式文件的是(　　)。

① Cool Edit　② Audition　③ Flash　④ Basic 语言

A. ①②　　B. ③④　　C. ①③　　D. ②④

14. 以下行为属于违法行为的是(　　)。

A. 将购买的软件按操作说明进行安装　　B. 下载免费软件并安装

C. 将自己设计的软件与他人分享　　D. 破解正版软件的序列号

15. 要浏览网页可以使用以下哪个软件(　　)。

A. Outlook Express　　B. 迅雷

C. 金山 WPS　　D. Internet Explorer

16. 下列全属于多媒体计算机输入设备的是(　　)。

A. 麦克风、打印机　　B. 音箱、摄像头

C. 投影仪、绘图仪　　D. 扫描仪、麦克风

17. 有关音频的说法中不正确的是(　　)。

A. wav 属于波形声音,质量比较高

B. mp3 属于声音压缩标准,容量比较小

C. midi 属于电子合成声音

D. 各种声音文件格式,其声音质量都一样

18. 上网时在地址栏上输入的一串字符"http://www.baidu.com",我们把它称为(　　)。

A. IP 地址　　B. 域名　　C. URL　　D. 万维网

19. 搜索引擎根据其工作方式不同,可以分为(　　)。

A. 内容搜索和元搜索　　B. 全文搜索和目录搜索

C. 自动搜索和手动搜索　　D. 人工搜索和机器搜索

20. 下列不属于因特网服务内容的是(　　)。

A. 检索网络信息　　B. 收发电子邮件

C. 播放光盘视频　　D. 下载共享软件

二、综合应用题(共 5 小题,共 80 分)

[本题中考生文件夹指"D:\xysp06"。]

21. Windows 7 基础操作。

(1) 将"D:\xysp06\QIAN"中的文件"YANG.FOR"复制到"D:\xysp06\QING"文件夹中;

(2) 将"D:\xysp06\DALIA"文件夹中的文件"EXL.DLL"设置成隐藏属性;

(3) 在"D:\xysp06\GAOKA"中分别建立名为"物理"和"化学"的新文件夹;

(4) 将"D:\xysp06\LING"中的文件"BIAN.RAR"移到"D:\xysp06\ZHANG"文件夹中;

(5) 将"D:\xysp06\PANG"中的文件夹"LPSK"删除;

(6) 将"D:\xysp06\QING"中的文件"YANG.FOR"改名为"WAN.FOR";

(7) 将"D:\xysp06\ZHANG"中的文件"BIAN.RAR"解压到位置"D:\xysp06"。

22. Word 2010 应用。

打开考生文件夹中的 Word 文档"Wd7.docx",进行以下操作并保存。(操作要求:不要对文档做题目没有要求的改动;未规定的设置一律取默认值)

(1) 设置纸张规格为 A4,面页边距为上下各 2.5 厘米,左右各 3 厘米;

(2) 将正文各段首行缩进 2 字符;

(3) 设置正文各段段后间距各为 0.5 行;

(4) 为正文第 1 段添加双下划线;

(5) 将正文第 2 段设置为两栏格式,加分隔线;

(6) 设置标题"海市蜃楼"为艺术字,艺术字样式为第 3 行第 2 列;

(7) 艺术字的文字环绕为“顶端居中,四周型环绕”;

(8) 在文档末尾创建一个4行4列的表格;

(9) 将表格的外边框线设置为双实线;

(10) 完成后直接保存并关闭 Word 程序。

23. Excel 2010 应用。

打开考生文件夹中的文件“excel1. xlsx”,在工作表 sheet1 中进行以下操作并保存。

(1) 将单元格 A1 设置字体为隶书,字号为 20;

(2) 将 C 到 G 列的列宽设置为 15;

(3) 将 A12:B12 单元格合并居中;

(4) 用函数计算各商品的“总销售额”及“各季度的最高销售额”;

(5) 设置单元格区域 C3:G12 的数字分类为“货币”,小数位保留 2 位,货币符号用“¥”;

(6) 选择单元格区域 A2:G11,以“总销售额”为关键字升序排列;

(7) 设置单元格区域 A2:G12 的外边框为双实线,内部为单实线;并填充浅蓝色背景;

(8) 保存文档并关闭 Excel 应用程序。

24. 打字题。

大选作为美国政治风向标,从罗斯福到约翰逊,风向左转;从里根到小布什,风向右转……今后风向何处吹? 选举期间,两党不惜洒下重金大做广告,负面广告大行其道,其中又以饱和式广告轰炸最让人不堪其扰。君不见,大选前一段视频爆红网络。

25. PowerPoint 2010 应用。

打开考生文件夹下的文件“xysp. pptx”,进行以下操作后并保存。

(1) 在演示文稿开始处插入一张“标题幻灯片”作为文稿的第一张幻灯片,标题键入“清平乐”,设置为隶书、加粗、80 磅;

(2) 使用“顶峰”模板修饰全文。幻灯片背景样式设置为“样式 11”;

(3) 将第二张幻灯片中的文本动画进入效果设置为动画“随机线条”、“垂直”、“上一动画之后”;

(4) 在第一张幻灯片中插入“D:\xysp06\47\bgsound. mid”背景音乐,设置为“自动”、“放映时隐藏”;

(5) 完成后直接保存并关闭 PowerPoint 程序。

综合模拟测验(七)

一、单项选择题(共 20 小题,共 20 分)

1. 计算机中,国际通用的信息交换标准代码是(　　)。
   A. BCD 码　　B. 汉字外码　　C. 汉字内码　　D. ASCII 码
2. 下列完全属于计算机外部设备的一组是(　　)。
   A. 打印机,CPU,内部存储器,硬盘
   B. CD-ROM 驱动器,CPU,键盘,显示器
   C. 内部存储器,U 盘,扫描仪,显示器
   D. 激光打印机,键盘,U 盘,鼠标
3. 下列存储器中,读写速度最快的是(　　)。
   A. 光盘　　B. U 盘　　C. 内存　　D. 硬盘
4. 计算机病毒是指(　　)。
   A. 一种生物病菌　　B. 具有破坏性的特殊程序
   C. 一类变异的程序　　D. 设计不完善的程序
5. Outlook 2010 软件用于(　　)。
   A. 浏览网页　　B. 收听广播
   C. 网上购物　　D. 收发电子邮件
6. 在网址“www. xswe. edu. cn”中,“edu”表示该网站的性质是(　　)。
   A. 商业机构　　B. 政府机构
   C. 教育机构　　D. 网络服务机构
7. 以下不属于电子商务网站的是(　　)。
   A. 亚马逊　　B. 淘宝　　C. 京东商城　　D. 搜狗
8. 以下不属于影视制作的是(　　)。
   A. 电影特技制作　　B. 商标设计　　C. 影视广告制作　　D. MTV 制作
9. 在计算机内部用来传送、存储、加工、处理的数据或指令都是采用(　　)。
   A. 二进制数　　B. 八进制数　　C. 十六进制数　　D. 十进制数
10. 在计算机中,将数据传送到 U 盘上,称为(　　)。
    A. 读盘　　B. 打开　　C. 写盘　　D. 输入
11. 关于内存与硬盘的区别,错误的说法是(　　)。
    A. 内存的存取速度快,硬盘的速度相对慢
    B. 断电后,内存和硬盘中的信息都能保留着
    C. 内存的容量小,硬盘的容量相对大
    D. 内存与硬盘都是存储设备
12. 以下不属于图像编辑软件的是(　　)。
    A. 美图秀秀　　B. 画图程序　　C. ACDSee　　D. 格式工厂
13. 下列属于视频采集工具的是(　　)。
    A. 液晶电视　　B. 投影机　　C. 3D 打印机　　D. 数码摄像机
14. 个人计算机采用 ADSL 方式接入因特网,需要具备的硬件是(　　)。

A．电话机　　B．电话线和 ADSL Modem
C．声卡　　D．读卡器

15. 在因特网技术中，ISP 的中文全名是(　　)。
A．因特网服务提供商　　B．因特网服务产品
C．因特网服务协议　　D．因特网服务程序

16. 下列可以将“美丽山村.wav”转换成“美丽山村.mp3”的软件是(　　)。
A．WinRAR　　B．Premiere　　C．格式工厂　　D．Word

17. 某台计算机的 IP 地址为“192.168.36.48”，子网掩码为“255.255.255.0”，则该计算机的主机地址是(　　)。
A．48　　B．192　　C．168　　D．36

18. 在“http://www.fj.gov.cn/index.html”中，“index.html”称为(　　)。
A．协议　　B．网络号　　C．主页名　　D．域名

19. 在百度的搜索框中输入“瓷器的发源地”进行搜索，这种搜索方式属于(　　)。
A．全文搜索　　B．分类搜索　　C．内容搜索　　D．元搜索

20. 以下不属于 internet 基本功能的是(　　)。
A．资源共享　　B．数据通信　　C．信息浏览　　D．编辑网站

二、综合应用题(共 5 小题，共 80 分)

[本题中考生文件夹指“D:\xysp07”。]

21. Windows 7 基础操作。

(1) 在“D:\xysp07\KT”中创建“TESTC”文件夹；

(2) 将“D:\xysp07\PT”中的“BLP.DOC”文件设置为只读属性；

(3) 将“D:\xysp07\ST”中的所有扩展为“.BMP”的文件删除；

(4) 将“D:\xysp07\UT”中的文件“MAYUN.ISO”和“NULL.TIF”移到“D:\xysp07\QT”文件夹中；

(5) 在“D:\xysp07\BP”中查找所有以“BP”开头的文件，将其复制到“D:\xysp07\TB”中；

(6) 将“D:\xysp07\UP”中的文件“STO.SAD”改名为“KIT.CCS”；

(7) 将“D:\xysp07\UR”中的文件“XOP.TXT”与“XOS.DAT”压缩为名称为“XO.RAR”的文件，存放在“D:\xysp07”中。

22. Word 2010 应用。

打开考生文件夹下的 Word 文档“WD7.docx”，完成下列操作并保存文档。(操作要求：不要对文档做题目没有要求的改动；未规定的设置一律取默认值)

(1) 将标题段文字设置为三号仿宋、加粗、居中；

(2) 为标题文字添加红色方框，段后间距设置为 0.5 行；

(3) 给文中所有“轨道”一词添加波浪形下划线；

(4) 将正文各段文字设置为五号、楷体；各段落左右缩进 1 字符，首行缩进 2 字符；

(5) 将第三段设置为两栏，栏间距为 1.62 字符，栏间加分隔线；

(6) 在页面底端插入“普通数字 3”样式页码，并将起始页码设置为“3”；

(7) 在文稿第一段的下面插入图片“D:\xysp07\07\wo7.jpg”，并设置文字环绕方式为“紧密”型；

(8) 完成后直接保存并关闭 Word 程序。

23. Excel 2010 应用。

(1) 打开考生文件夹中的工作簿文件“excel1. xlsx”,进行如下操作并保存。

① 将第一行的行高设置为 18,第一列的列宽设置为 9;

② 将 A2:G8 单元格设置为既水平对齐又垂直对齐,添加“所有框线”;

③ 利用公式法计算 C6—G6 单元格的平均值;

④ 利用函数法计算 C7—G7 单元格的最高值及 C8—G8 单元格的最低值;

⑤ 利用条件格式将 C3:G5 区域中数值大于 30 的单元格的字体颜色设置为蓝色;

⑥ 复制当前工作表,将复制后的工作表改名为“气温统计”;保存“excel1. xlss”文件。

(2) 打开考生文件夹中的工作簿文件“excel2. xlsx”,将 B 列的成绩转化为等级,放在 C 列相应的单元格中。若成绩大于或等于 60,那么等级为“合格”,否则等级为“不合格”,操作完成后保存文件“excel2. xlsx”。

24. 打字题。

盖茨 13 岁开始计算机编程设计,18 岁考入哈佛大学,一年后从哈佛退学,1975 年与好友保罗一起创办了微软公司,盖茨担任微软公司董事长、CEO 和首席软件设计师。

25. PowerPoint 2010 应用。

打开考生文件夹下的文件“xysp. pptx”,进行以下操作并保存。

(1) 在演示文稿开始处插入一张“标题幻灯片”作为文稿的第一张幻灯片,标题键入“采桑”,设置为仿宋体、倾斜、68 磅;

(2) 使用“极目远眺”模板修饰全文,幻灯片背景样式设置为“样式 10”;

(3) 将第二张幻灯片中的文本动画进入效果设置为动画“轮子”、“轮辐图案 4”、“上一动画之后”开始;

(4) 将幻灯片的切换效果设置成“棋盘”、“自顶部”,应用于全部幻灯片;

(5) 完成后直接保存并关闭 PowerPoint 程序。

综合模拟测验(八)

一、单项选择题(共 20 小题,共 20 分)

1. 下列存储器中,属于外部存储器的是(　　)。
A. ROM　　B. RAM　　C. 硬盘　　D. Cache

2. 下列属于光学输入设备的是(　　)。
A. 麦克风　　B. 触摸屏
C. 键盘　　D. 条形码阅读仪

3. 下列叙述中,错误的一条是(　　)。
A. CPU 主要由运算器和控制器组成
B. 计算机软件分系统软件和应用软件两大类
C. 内存储器中存储当前正在执行的程序和处理的数据
D. 计算机硬件主要包括:主机、键盘、显示器、鼠标器和打印机五大部件

4. 目前使用的计算机属于第四代数字电子计算机,其主要电子元件是(　　)。
A. 晶体管　　B. 电子管
C. 大规模、超大规模集成电路　　D. 中、小规模集成电路

5. 下列叙述中,不正确的是(　　)。
A. CPU 可以直接处理外部存储器中的数据
B. 操作系统是计算机系统中最主要的系统软件
C. CPU 可以直接处理内部存储器中的数据
D. 在裸机上能接运行机器语言程序

6. 下列不属于因特网接入方式的是(　　)。
A. 拨号接入方式　　B. WI-FI 接入　　C. 专线接入　　D. 自动接入

7. 在 IE 浏览器中,"主页"按钮的作用是(　　)。
A. 打开 Internet 选项中设置的主页　　B. 打开浏览过的网站的首页
C. 打开当前正在浏览的网站的首页　　D. 将当前打开的网页设置为主页

8. 在电子邮箱地址"fjhk@hostmail. com"中,用户名是(　　)。
A. hostmail　　B. fjhk
C. @　　D. hostmail. com

9. 计算机网络的主要功能是实现数据通信和(　　)。
A. 发送邮件　　B. 在线娱乐　　C. 资源共享　　D. 文件下载

10. 下列关于网络防火墙的叙述,错误的是(　　)。
A. 防火墙可以防止对受保护的网络进行未授权的访问
B. 使用防火墙可以增强网络的安全性
C. 防火墙就是一种查杀计算机病毒的软件
D. 使用防火墙可以阻挡黑客攻击

11. 下列选项中,全属于图像文件格式的是(　　)。
A. midi、mp3　　B. jpg、bmp　　C. mp3、swf　　D. avi、gif

12. 多媒体计算机系统的组成是(　　)。

A. 各种多媒体文件

B. 声卡、光动、音箱

C. 图像、音频和视频处理软件

D. 多媒体硬件系统和多媒体软件系统

13. 下列既能播放音频文件也能播放视频文件的软件是(　　)。

A. Windows Media Player　　B. ACDSee

C. 千千静听　　D. 录音机

14. 下列属于数字化图像采集方法的是(　　)。

① 使用数码相机拍摄的图像

② 用传统的模拟摄像机拍摄的图像

③ 屏幕截图工具抓取到的画面

④ 用扫描仪将纸张上的图片扫描输入

A. ②③④　　B. ①②③　　C. ①②④　　D. ①③④

15. 以下属于多媒体组成元素的是(　　)。

① 电视机　② 文字　③ 光盘　④ 视频

A. ①②　　B. ②③　　C. ②④　　D. ①③

16. ACDSee 软件属于(　　)。

A. 动画制作软件　　B. 视频编辑软件

C. 图像处理软件　　D. 音频编辑软件

17. 大部分的计算机病毒设定了发作的条件,如:"欢乐时光"病毒发作的条件是"月+日=13"。这主要体现的病毒特征是(　　)。

A. 可触发性　　B. 传染性　　C. 隐藏性　　D. 表现性

18. 以下不属于常用下载工具软件的是(　　)。

A. 快车　　B. 迅雷　　C. 网络蚂蚁　　D. 暴风影音

19. 以下有关搜索引擎的说法中不正确的是(　　)。

A. 全文搜索引擎通过输入关键词搜索　　B. 目录搜索引擎采用分类搜索

C. 通过搜索引擎可以搜索 www 信息　　D. 各种搜索引擎搜索的效果都一样

20. 百度的 URL 为 http://www. baidu. com,其中属于域名的是(　　)。

A. baidu. com　　B. http　　C. www　　D. com

二、综合应用题(共 5 小题,共 80 分)

[本题中考生文件夹指"D:\xysp08"。]

21. Windows 7 基础操作。

(1) 在"D:\xysp08\ZHAO"中分别创建名为"唐诗"和"宋词"的两个文件夹;

(2) 在"D:\xysp08"中搜索名称为"ANEMP. BAS"的文件,将其改名为"BNEMP. BAS";

(3) 将"D:\xysp08\BENQ"中的文件夹"AOC"和"APC"删除;

(4) 将"D:\xysp08\BENQ"中的文件"KEN. BAT"移到"D:\xysp08\BENQ\CENPT 文件夹中;

(5) 为"D:\xysp08\SET"中的文件"DP. EXE"创建名为"WENP"的快捷方式,并存放在"D:\xysp08"中;

(6) 将“D:\xysp08\APC”中的文件“A1. CRD”和“A2. CRD”复制到“D:\xysp08\ABC”中；

(7) 将“D:\xysp08\ABC”中的文件“A1. CRD”和“A2. CRD”进行压缩生成“AB. RAR”，存放在“D:\xysp08”中。

22. Word 2010 应用。

打开考生文件夹下 Word 文档“WD8. docx”，完成下列操作并保存文档。(操作要求：不要对文档做题目没要求的改动；未规定的设置一律取默认值)

(1) 将文稿的标题设置为艺术字，艺术字的样式为“填充—无，轮廓—强调文字颜色 2”；

(2) 将正文首行缩进 4 个字符位置，行距设置为 18 磅，段前、段后距各 1 行；

(3) 设置页面纸张大小为 A4(21 厘米×29.7 厘米)；设置纸张方向为“横向”，页面左右边距为 2.0 厘米，上、下边距均为 2.5 厘米，装订线为 1.5 厘米；

(4) 将文稿的第一段复制到第二段的下面成为新的第三段；

(5) 给正文中第一段文字添加蓝色双线方框，线框为 0.75；

(6) 在第一段的后面插入考生文件夹下 Word 文件夹中的图片文件“麦穗. jpg”，设置文字环绕“顶端居中，四周型文字环绕”；

(7) 在文稿的最后插入一个 5 行 5 列的表格，设置列宽为 2.4 厘米、表格居中；设置外框线为红色 1.5 磅单实线、内框线为绿色(标准色)0.5 磅单实线；

(8) 将第 1 列 3 至 5 行单元格合并，将第 2 列 1 行单元格平均拆分为 2 列；为表格设置样式为“白色，背景 1，深色 15%”的底纹；

(9) 完成后直接保存并关闭 Word 程序。

23. Excel 2010 应用。

打开考生文件夹中的工作簿文件“excel1. xlsx”，进行如下操作并保存。

(1) 在 Sheet1 工作表中完成第①—⑤小题。

① 将工作表 Sheet1 的 A1:G1 单元格合并为一个单元格，内容水平居中；

② 计算“去年销售额”、“今年销售额”、“销售额增长比例”列的内容，销售额增长比例(销售额增长比例=(今年销售额－去年销售额)/今年销售额，设为百分比型，保留小数点后两位)；

③ 利用条件格式将 G3:G10 区域设置为渐变填充“蓝色数据条”；

④ 选取工作表的“产品型号列和销售额增长比例”列的内容，建立“簇状条形图”，图表标题为“销售额增长比例图”，图例位于底部；设置数据系列格式为纯色填充(红色，强调文字颜色 2，深色 25%)插入到表的 A12:F27 单元格区域内；

⑤ 将工作表命名为“近两年产品销售情况表”。

(2) 在 Sheet2 工作表中完成第⑥小题。

⑥ 对工作表内数据清单的内容按主要关键字“产品类别”的升序、次要关键字“销售额排名”升序进行排序；对排序后的数据进行分类汇总，分类字段为“产品类别”，汇总方式为“求和”，汇总项为“销售额(万元)”，汇总结果显示在数据下方。工作表名不变，保存文件“excel1. xlsx”。

24. 打字题。

法国工程师林格曼写了一本书《拉绳试验》，实验描述：把被试验者分成一人组、二人组和八人组，要求各组用尽全力拉绳，同时用灵敏度很高的测力器分别测量其拉力。结果显示，二人组的拉力只是单独拉绳时二人拉力总和的95%。

25. PowerPoint 2010 应用。

打开考生文件夹下的演示文稿文件“xysp. pptx”，按照下列要求完成对此文稿的操作并保存。

(1) 使用“网格”主题修饰全文，全部幻灯片切换方案为“涡流”，效果选项为“自顶部”；

(2) 将第二张幻灯片的版式改为“两栏内容”，标题为“鹅防，安防工作新亮点”，左侧内容区的文本设置为“黑体”，右侧内容区域插入考生文件夹下PPT子文件夹中的图片“ppt1. png”；

(3) 移动第一张幻灯片，使之成为第三张幻灯片，幻灯片版式改为“标题和竖排文字”，标题为“不用能源的雷达，大鹅的故事”；

(4) 在第一张幻灯片前插入版式为空白的新幻灯片，并在规定位置（水平：0.9 cm，自：左上角，垂直：6.2 cm，自：左上角）插入样式为“填充—白色，渐变轮廓—强调文字颜色1”的艺术字“鹅防，安防工作新亮点”；艺术字高度为7 cm，艺术字效果为“转换—弯曲—倒V形”；艺术字的动画设置为“强调—陀螺旋”，效果选项为“数量—旋转两周”；

(5) 第一张幻灯片的背景设置为“花束”纹理，并隐藏背景图形；第三张幻灯片的版式改为“比较”，标题为“大鹅，安防的新帮手”，右侧内容区域插入考生文件夹下PPT子文件夹中的图片“PPT2. png”。

综合模拟测验(九)

一、单项选择题(共 20 小题,共 20 分)

1. 以下有关计算机特点的说法中不正确的是(　　)。
   A. 计算机能自动执行程序　　B. 不可靠、故障率高
   C. 计算机的运算速度快　　D. 具有逻辑推理和判断能力

2. 下列关于存储器的说法中,正确的是(　　)。
   A. ROM 是只读存储器,其中的内容只能读一次
   B. 硬盘通常安装在主机箱内,所以硬盘属于内存
   C. CPU 不能直接从外存储器读取数据
   D. 任何存储器都有记忆能力,且断电后信息不会丢失

3. 以下有关存储单位的说法中不正确的是(　　)。
   A. 存储信息的最小单位是位　　B. KB>MB>GB>TB
   C. 一个字节等于 8 个位　　D. 存储信息的基本单位是字节

4. 已知英文字母“a”的 ASCII 码值为 97,那么字母“e”的 ASCII 码值是(　　)。
   A. 100　　B. 101　　C. 102　　D. 103

5. 下列设备中,可以作为微机输入设备的是(　　)。
   A. 打印机和手写板　　B. 显示器和话筒
   C. 鼠标和键盘　　D. 绘图仪和触摸屏

6. 用搜索引擎搜索信息时,为了使搜索的结果比较精确,可以在搜索时(　　)。
   A. 改变关键词
   B. 使用逻辑控制符号 OR
   C. 换一种搜索引擎
   D. 使用逻辑控制符号 AND,使多个条件同时满足要求进行限制

7. 下列删除文件的操作,文件删除后无法恢复的是(　　)。
   A. 用 Delete 键删除　　B. 用 Shift+Delete 键删除
   C. 用 Ctrl+D 键删除　　D. 用“文件”菜单中的“删除”命令

8. 下列关于电子邮件的说法中,正确的是(　　)。
   A. 邮件必须有正文内容才能发送成功　　B. 电子邮件的附件只能是图片文件
   C. 一封电子邮件可以同时发送多个附件　　D. 一封电子邮件只能发送给一个人

9. 下列格式的文件中,不能用“附件”下的“画图”工具处理的是(　　)。
   A. JPG 文件　　B. GIF 文件
   C. WMV 文件　　D. PNG 文件

10. 以下全是杀毒软件的一组是(　　)。
    A. 360 杀毒和金山 WPS　　B. 金山词霸和卡巴斯基
    C. 瑞星和江民 KV　　D. 金山毒和 OutLook

11. IE 工具栏上表示主页的按钮是(　　)。
    A.　　B.　　C.　　D.

12. 下列关于多媒体技术的描述中，正确的是（　　）。

A. 多媒体技术只能处理声音和文字

B. 多媒体技术不能处理动画

C. 多媒体技术就是制作视频的技术

D. 多媒体技术指计算机综合处理声音、文本、图像等信息的技术

13. 下列可以将“美丽山村.avi”转换成“美丽山村.mp4”的软件是（　　）。

A. Gold Wave　　B. Frontpage　　C. 格式工厂　　D. Word

14. 要进行多媒体信息的集成不可以使用以下哪个软件（　　）。

A. PowerPoint　　B. Premiere　　C. Flash　　D. 记事本

15. 在计算机领域中，媒体分为五类，其中字符的 ASCII 码属于（　　）。

A. 表示媒体　　B. 感觉媒体　　C. 传输媒体　　D. 表现媒体

16. 下列关于计算机病毒特征的描述，正确的是（　　）。

① 计算机病毒是一组人为编写的有害程序代码

② 计算机病毒只会传染给电脑中的可执行文件

③ 计算机病毒会毁坏数据，影响计算机正常使用

④ 计算机病毒只能通过网络传播

A. ②③　　B. ①③　　C. ①④　　D. ②④

17. 未经允许，随意转载别人文章的行为属于（　　）。

A. 侵犯他人知识产权的行为　　B. 维护信息安全的行为

C. 合理利用信息的行为　　D. 信息共享的行为

18. DNS 的作用是（　　）。

A. 域名解析　　B. 划分子网

C. 设置网关　　D. 拨号上网

19. 小丽想制作个人网站，收集了一些素材：pic.gif、pic.wav、pic.bmp、pic.mpg、pic.jpg、pic.png，其中不属于图片的素材有（　　）。

A. pic.gif、pic.png　　B. pic.png、pic.jpg

C. pic.bmp、pic.jpg　　D. pic.wav、pic.mpg

20. 要把文件存储在网络上，以下哪项可以存储网络文件（　　）。

① 360 云盘　② 光盘　③ 网络 U 盘　④ 网页页面　⑤ 电子邮箱

A. ①②③　　B. ②③⑤　　C. ①③④　　D. ①③⑤

二、综合应用题（共 5 小题，共 80 分）

[本题中考生文件夹指“D:\xysp09”。]

21. Windows 7 基础操作。

(1) 搜索“D:\xysp09”中所有扩展名为 BAT 的文件，并将其删除；

(2) 将“D:\xysp09\TLAN”中的文件“YSWG.MOD”去掉只读属性，设置为隐藏属性；

(3) 在“D:\xysp09\FLAN”中分别建立名为“中学”和“大学”的两个文件夹；

(4) 将“D:\xysp09\ERT”中的文件“NIAN.ARJ”移到“D:\xysp09\ERT\AORT”中；

(5) 将“D:\xysp09\TWK”中的文件“HAO.ISO”复制到“D:\xysp09\WPS”中；

(6) 将“D:\xysp09\TWK”中的文件“HAO.ARJ”，并改名为“DOPL.ARJ”；

(7) 将"D:\xysp09\FLAN"中的文件"AOC.RAR"解压到"D:\xysp09\ERT"。

22. Word 2010 应用。

打开考生文件夹中的 Word 文档"Wd9.docx",进行以下操作并保存。(操作要求:不要对文档做题目没有要求的改动;未规定的设置一律取默认值)

(1) 将标题段文字("赵州桥")设置为红色(标准色)、二号字、加粗、居中对齐;

(2) 将标题设置为居中,字符间距加宽 4 磅,并添加黄色(标准色)底纹,底纹图案样式为"20%",颜色为"自动";

(3) 将正文第一段设置为五号、仿宋,行距设置为 1.3 倍行距;

(4) 将正文各段文字左右各缩进 1 字符,首行缩进 2 字符;

(5) 将正文第三段("这座桥不但……真像活的一样")分为等宽的两栏,栏间距为 1.5 字符,栏间加分隔线;

(6) 为正文中所有"赵州桥"一词添加双下划线;

(7) 插入考生文件夹下 Word 文件夹中的"赵州桥.jpg"图片,并设置环绕方式为"中间居中,四周型文字环绕";

(8) 在页面底端插入"普通数字 3"样式页码,设置页码编号格式为"i、ii、iii、……";

(9) 在文稿最后插入一个四行五列的表格,并将表格第一列合并;

(10) 完成后直接保存并关闭 Word 程序。

23. Excel 2010 应用。

(1) 打开考生文件夹中的工作簿文件"excel1.xlsx",进行如下操作并保存。

① 将工作表 Sheet1 的 A1:I1 单元格区域合并居中,并加深蓝色底纹;

② 计算"合计"列单元格的内容(某部门 6 个人月销售额的和,数值型,保留小数点后 1 位);如果合计值大于 220.0,在备注列内填上"良好",否则填上"合格"(利用 IF 函数完成);

③ 选取 A2:G8 单元格区域的内容建立"带数据标记的折线图",添加图表标题"销售情况图表",位于"图表上方",将工作表命名为"销售情况表",保存文件"excel1.xlsx"。

(2) 打开考生文件夹中的工作簿文件"excel2.xlsx",对工作表"产品销售情况表"内数据清单的内容进行筛选,条件为"销售额排名在前 20(使用小于或等于 20),分公司为所有南部的分公司;将筛选后的数据按主要关键字"销售额排名"的升序,次要关键字为"分公司"的升序进行排序。工作表名不变,保存文件"excel2.xlsx"。

24. 打字题。

2014 年博鳌亚洲论坛年会开幕大会上,李克强总理以"共同开创亚洲发展的新未来"为题发表演讲,特别强调要推进"一带一路"的建设。"一带一路"将充分依靠中国与有关国家既有的双多边机制,借助既有的、行之有效的区域合作平台。

25. PowerPoint 2010 应用。

打开考生文件夹下的演示文稿文件"xysp.pptx",按照下列要求完成对此文稿的操作并保存。

(1) 复制第二张幻灯片,将其移到第一张幻灯片的前面,并将其版式改为"标题和内容",在标题区输入"计算机系统组成",字体为"仿宋_GB2312",字号为 18 磅,字形为"加粗";

(2) 在第二张幻灯片的下面插入一张"空白"版式的新幻灯片,插入考生文件夹下 PPT 子文件夹中的图片"ppt1.png",并设置动画效果为"强调:放大/缩小",效果选项为"方向:水平"、"数量:较大";

(3) 在第三张幻灯片中插入一个任意样式的艺术字"第五代计算机将诞生",文本效果为"转换/上弯弧";将第三张幻灯片的背景设置为"水滴"纹理;

(4) 在第四张幻灯片中位置(水平:8 厘米,自:左上角,垂直:6 厘米,自:左上角)上插入一个自选图形"基本形状/平行四边形",并输入文本"多功能计算机";

(5) 将第五张幻灯片删除。

综合模拟测验(十)

一、单项选择题(共20小题,共20分)

1. 把存储在硬盘上的程序传送到指定的内存区域中,这种操作称为(　　)。

   A. 输出　　B. 写盘　　C. 输入　　D. 读盘

2. 下列字符中,其ASCII码值最大的一个是(　　)。

   A. 9　　B. Z　　C. d　　D. a

3. 下列描述中,正确的是(　　)。

   A. 光盘驱动器属于主机,而光盘属于外设

   B. 摄像头属于输入设备,而投影仪属于输出设备

   C. U盘即可以用作外存,也可以用作内存

   D. 硬盘是辅助存储器,不属于外设

4. 在线翻译系统属于计算机应用领域中的(　　)。

   A. 人工智能化　　B. 数据通信　　C. 电子购物　　D. 数据处理

5. 以下行为属于违法行为的是(　　)。

   A. 将购买的软件按操作说明进行安装　　B. 下载免费软件并安装

   C. 将自己设计的软件与他人分享　　D. 破解正版软件的序列号

6. 在计算机中安装防火墙的目的不包括(　　)。

   A. 查杀木马　　B. 阻挡可疑程序

   C. 整理磁盘碎片　　D. 防止黑客(Hacker)的入侵

7. IE浏览器的收藏夹中存放的是(　　)。

   A. 用户自己添加的WWW地址　　B. 用户最近浏览过的WWW地址

   C. 用户自己添加的E-mail地址　　D. 用户最近下载过的WWW抛址

8. 将网页上喜爱的图片保存在自己的计算机中,正确的操作是(　　)。

   A. 单击"文件"菜单,在弹出的菜单中选择"另存为"命令

   B. 左击图片,在弹出的快捷菜单中选择"图片另存为…"

   C. 右击图片,在弹出的快捷菜单中选择"图片另存为…"

   D. 双击图片,在弹出的快捷菜单中选择"图片另存为…"

9. 计算机中表示"复制"的快捷键是(　　)。

   A. Ctrl+A　　B. Ctrl+V　　C. Ctrl+X　　D. Ctrl+C

10. 360安全卫士的功能不包括(　　)。

    A. 电脑体检　　B. 文字处理

    C. 木马查杀　　D. 预防黑客入侵

11. 对于各种多媒体信息(　　)。

    A. 计算机能直接识别图像信息

    B. 不需要转换成二进制数,计算机能直接识别

    C. 必须转换成二进代码机器才能识别

    D. 动画、音频、视频计算机都能直接处理

12. 以下不能采集到音频数据的设备是(　　)。

A. 扬声器　　B. 录音笔　　C. 话筒　　D. 麦克风

13. 音频信息的编辑包括(　　)。

① 降低噪音　② 音频合成　③ 语音识别　④ 剪辑声音

A. ②③④　　B. ①②④　　C. ①③④　　D. ①②③

14. 要从一段视频中剪取一部分,以下不可以使用的软件是(　　)。

A. QQ影音　　B. 暴风影音　　C. 赵级解霸　　D. 千千静听

15. 以下属于常用的多媒体输入设备的是(　　)。

A. 显示器、键盘　　B. 扫描仪、摄像头

C. 打印机、麦克风　　D. 绘图仪、投影仪

16. 下列属于正确的URL路径的是(　　)。

A. http://www.fjhk.com.cn/index.htm　　B. C:\Program Files\Windows NT

C. D:\我的文档\hk.doc　　D. zhang@163.com

17. 多媒体集成软件的主要特点有(　　)。

① 集成性　② 交互性　③ 数字化　④ 线性

A. ①②④　　B. ②③④　　C. ①③④　　D. ①②③

18. 要在百度中搜索鲁迅先生写的小说《呐喊》最恰当的关键词是(　　)。

A. 鲁迅小说　　B. 鲁迅《呐喊》　　C. 小说《呐喊》　　D.《呐喊》

19. 键盘上的Backspace键称为(　　)。

A. 删除键　　B. 屏幕打印键　　C. 退格键　　D. 回车键

20. 在因特网上提供信息浏览的服务器称为(　　)。

A. www服务器　　B. email服务器　　C. news服务器　　D. ftp服务器

二、综合应用题(共5小题,共80分)

[本题中考生文件夹指"D:\xysp10"。]

21. Windows 7基础操作。

(1) 在"D:\xysp10\T1"下分别建立"海洋"和"山脉"两个文件夹;

(2) 将"D:\xysp10\T2"中所有文件移到"D:\xysp10\T3"文件夹中;

(3) 将"D:\xysp10\T3"中的文件wood.sys设置为只读属性;

(4) 将"D:\xysp10\T4"中以"K"开头的文件复制到"D:\xysp10\T5"文件夹中;

(5) 将"D:\xysp10\T4"中的文件夹"SJZHCH"改名为"世界之窗";

(6) 给"D:\xysp10\T5"中的文件"HAIYANG.COM"创建桌面快捷方式,快捷方式名称为"海洋世界";

(7) 将"D:\xysp10\T6"中的所有文件压缩为名称为"SHJIE.RAR"的文件,存放在"D:\xysp10"中。

22. Word 2010应用。

打开考生文件夹中的Word文档"Wd10.docx",进行以下操作并保存。(操作要求:不要对文档做题目没有要求的改动;未规定的设置一律取默认值)

(1) 将文稿中所有错别字"征订"替换为"正定";

(2) 插入"空白"型页眉,页眉内容为"旅游指南";为文档添加内容为"河北省"的文字水印,水印字体设置为黑体;

(3) 将正文第一段设置为二号、黑体、居中,段后间距0.6行;

(4) 标题的文本效果设置为“渐变填充—橙色,强调文字颜色6,内部阴影”;

(5) 将正文各段文字首行缩进2个字符,设置为仿宋、四号;

(6) 将正文各段落行距设置为1.25倍行距,段前间距0.5行;

(7) 设置正文第一段(“位于河北省省会……沧桑。”)首字下沉2行,距正文0.1厘米;

(8) 将正文第二段(“源远流长的……在这里。”)分为等宽两栏,栏间距为两字符,栏间添加分割线(注:分栏操作时,需包含段尾回车符);

(9) 将正文的第二段与第三段对调;

(10) 完成后直接保存并关闭Word程序。

23. Excel 2010应用。

打开考生文件夹中的工作簿文件“excel1.xlsx”,进行如下操作并保存。

(1) 将工作表Sheet1的A1:F1单元格合并为一个单元格,内容居中对齐;

(2) 使用公式法计算F3—F14单元格的合计;

(3) 利用条件格式,将F列数据中大于1000单元格标记为红色文本;

(4) 使用函数法计算B15—E15单元格的平均值,保留1位小数;

(5) 对数据区域A2:F14按主关键字“合计”的降序,次关键字“商品名称”的升序进行排序;

(6) 选取A2:A14和F2:F14单元格区域建立“饼图”,插入到工作表的A17:G33单元格区域,删除图例,图标标题为“产品销售统计图”;

(7) 在Sheet2工作表中,筛选出“一月”数量大于300的记录,并将Sheet2改名为“商品销售”;

(8) 保存文档并关闭Excel应用程序。

24. 打字题。

虚拟现实技术是仿真技术与计算机图形学、人机接口技术、多媒体技术、传感技术、网络技术等多种技术的集合,是一门富有挑战性的交叉技术前沿学科和研究领域。虚拟现实技术(VR)主要包括模拟环境、感知、自然技能和传感设备等方面。

25. PowerPoint 2010应用。

打开考生文件夹下的演示文稿文件“xysp.pptx”,按照下列要求完成对此文稿的操作并保存。

(1) 第二张幻灯片版式改为“两栏内容”,将考生文件夹下的PPT子文件夹中的图片文件“ppt.png”插入到第二张幻灯片右侧内容区;图片动画设置为“进入/基本缩放”,效果选项为“缩小”,持续时间为4秒;

(2) 在张二张幻灯片之后插入“标题幻灯片”,主标题键入“买一得二的时机成熟了”,副标题键入“可获赠数码相机”,字号设置为30磅,红色(RGB模式:红色255,绿色0,蓝色0);

(3) 在第一张幻灯片中插入艺术字“轻松拥有国际品质的投影专家”,艺术字样式为第1行第3列,文字效果为“转换—跟随路径—下弯弧”;

(4) 为整个演示文稿应用“新闻纸”主题,将全部幻灯片的切换方案设置成“门”,效果选项为“水平”;

(5) 在最后一张幻灯片的右下边插入“后退”和“前进”动作按钮。

单项选择题综合训练

单项选择题综合训练(一)

1. 显示器最主要的性能指标是(　　)。
   A. 显示器品牌　　B. 显示器颜色
   C. 显示器大小　　D. 显示器分辨率
2. 用"画图"编辑一幅 600×800 像素的图片,分别保存为 bmp(24 位位图)和 jpg 两种格式的文件,通常这两个文件所占磁盘空间(　　)。
   A. 一样大　　B. bmp 格式大　　C. jpg 格式大　　D. 不能确定
3. 下列属于文本文件格式的是(　　)。
   A. 学业考试. exe　　B. 学业考试. mp3
   C. 学业考试. txt　　D. 学业考试. jpeg
4. 无线移动网络最突出的优点是(　　)。
   A. 资源共享和快速传输信息　　B. 共享文件和收发邮件
   C. 文献检索和网上聊天　　D. 提供随时随地的网络服务
5. 美图秀秀无法保存的文件格式是(　　)。
   A. jpg　　B. tif　　C. png　　D. mpg
6. 计算机的性能主要取决于(　　)。
   A. RAM 的存取速度　　B. 中央处理器的性能
   C. 硬盘容量的大小　　D. 显示器的性能
7. 计算机病毒是(　　)。
   A. 能传染的生物病菌　　B. 变异的计算机程序
   C. 一种游戏软件　　D. 人为编制的特殊程序
8. 下列属于在办公室或家庭中使用的无线短距离通信技术是(　　)。
   A. Lan　　B. Internet　　C. 卫星互联网　　D. WiFi
9. 从计算机屏幕上抓取动态操作过程,也称为(　　)。
   A. 录屏　　B. 录音　　C. 截屏　　D. 扫描
10. 目前,计算机的设计原理依据是冯·诺依曼的(　　)。
    A. 计算机内部的数据采用二进制　　B. 计算机可以进行逻辑计算
    C. 存储程序控制　　D. 计算机硬件由五个部分组成
11. 网络购票系统的应用,主要体现的信息技术发展趋势是(　　)。
    A. 智能化　　B. 多媒体化　　C. 网络化　　D. 虚报化
12. 以下存储器中,读写速度最快的是(　　)。
    A. U 盘　　B. 硬盘　　C. 内存　　D. Cache
13. 欲将 rar 压缩文件通过邮件发送给远方的朋友,可以将该文件放在邮件的(　　)。
    A. 收件人　　B. 附件中　　C. 正文中　　D. 主题中

14. 下列可以使声音质量最高的参数设置是(　　)。

A. 分辨率最低和采样频率最高　　B. 分辨率最高和采样频率最高

C. 分辨率最高和采样频率最高　　D. 分辨率最低和采样频率最低

15. 利用计算机来模仿人的高级思维活动,如手写识别、语音识别,被称为(　　)。

A. 自动控制　　B. 科学计算　　C. 数据处理　　D. 人工智能

16. 录制一段声音,其存储容量与以下因素无关的是(　　)。

A. 声道数　　B. 量化位数　　C. 采样频率　　D. 声音大小

17. 小美想使用美图秀秀对自己的照片进行简单的处理,下列无法实现的功能是(　　)。

A. 祛痘祛斑　　B. 眼睛放大　　C. 添加背景音乐　　D. 瘦脸瘦身

18. 计算机系统的组成部件有:运算器、存储器、输入设备、输出设备和(　　)。

A. 显示器和键盘　　B. 控制器　　C. 硬盘和 U 盘　　D. 打印机和鼠标

19. 计算机的性能指标中,决定计算机的计算精度的是(　　)。

A. 字长　　B. 主频　　C. 运算速度　　D. 进位数制

20. 下列关于计算机病毒的说法中,正确的是(　　)。

A. 病毒只能通过网络传染　　B. 反病毒软件可以清除所有病毒

C. 装了防病毒卡的微机不会感染病毒　　D. 计算机病毒是一段可运行的程序

21. 在声音的数字化过程中,采样频率越高,声音的(　　)越好。

A. 保真度　　B. 失真度　　C. 精度　　D. 噪音

22. 在因特网上,每台主机都有唯一的地址,该地址由纯数字组成并用小数点分开,称为(　　)。

A. TCP 地址　　B. WWW 客户机地址

C. IP 地址　　D. WWW 服务器地址

23. CPU 不能直接访问的存储器是(　　)。

A. Cache　　B. ROM　　C. 外存储器　　D. RAM

24. 互联网的发展,经历了由简单到复杂的过程,互联网始于(　　)。

A. Internet　　B. ARPANET　　C. Ethernet　　D. PSDN

25. 在计算机网络中,通常把提供并管理共享资源的计算机称为(　　)。

A. 工作站　　B. 网关　　C. 服务器　　D. 网桥

26. 互联网通信的质量有两个重要的指标,即传输率和(　　)。

A. 波特率　　B. 误码率　　C. 编码率　　D. 占有率

27. IP 地址由两部分组成,即主机地址和(　　)。

A. 路由器地址　　B. 服务器地址　　C. 机构名称　　D. 网络地址

28. 在计算机中,对汉字进行传输、处理和存储时使用(　　)。

A. 字形码　　B. 国标码　　C. 机内码　　D. 输入码

29. TCP 协议的主要功能是(　　)。

A. 提高数据传输速度　　B. 确保数据的可靠传输

C. 对数据进行分组　　D. 确定数据传输路径

30. 调制解调器(Modem)的作用是(　　)。

A. 将数字信号转换成模拟信号　　B. 将模拟信号转换成数字信号

C．将数字信号与模拟信号相互转换　　D．为了拨打电话与上网两不误

31．存储 1024 个 24×24 点阵的汉字字形码需要的字节数是（　　）。

A．720B　　B．72KB　　C．7000B　　D．7200B

32．下列软件中属于应用软件的是（　　）。

A．Unix/Linux　　B．MSDOS　　C．Windows 7　　D．Word 2010

33．下列关于 CPU 的叙述中，正确的是（　　）。

A．CPU 能直接读取硬盘上的数据　　B．CPU 能直接与内存储器交换数据

C．CPU 主要组成部分是存储器和控制器　　D．CPU 主要用于执行算术运算

34．计算机系统的两大组成部分是（　　）。

A．CPU 和内存　　B．主机和输入/输出设备

C．硬件系统和软件系统　　D．应用软件和系统软件

35．以下文件可以使用 ACDSee 软件进行编辑的是（　　）。

A．美好河山.avi　　B．美好河山.png

C．美好河山.rar　　D．美好河山.wma

36．下列叙述中不正确的是（　　）。

A．机器语言程序执行效率最高

B．高级语言最接近自然语言

C．高级语言程序移植性最差

D．汇编语言程序必须编译成机器语言程序才能执行

37．对 CD-ROM 可以进行的操作是（　　）。

A．读或写　　B．只能读不能写

C．只能写不能读　　D．能存不能取

38．下列各组设备中，完全属于外部设备的一组是（　　）。

A．激光打印机、移动硬盘、扫描仪　　B．CPU、触摸屏、键盘

C．内存条、光驱、鼠标器　　D．硬盘、RAM、U 盘

39．以下二进制数中，最大的一个是（　　）。

A．1000　　B．0011　　C．1100　　D．1001

40．某机器的字长为 32 位，表示（　　）。

A．这台计算机最大能计算一个 32 位的十进制数

B．这台计算机的 CPU 一次能处理 32 位的二进制数

C．这台计算机每分钟能处理 32 位二进制数

D．这台计算机 CPU 的时钟频率为 32GHz

41．以下事件不可能造成计算机中毒的是（　　）。

A．使用盗版光盘　　B．从键盘上输入数据

C．下载邮件附件　　D．点击陌生链接

42．下列的英文缩写和中文名字的对照中，不正确的是（　　）。

A．CAD—计算机辅助设计　　B．CAI—计算机辅助培训

C．CAT—计算机辅助测试　　D．CAM—计算机辅助制造

43．下面关于操作系统的叙述中，不正确的是（　　）。

A．它是软件系统中的核心软件

B．Windows 是 PC 机唯一的操作系统

C．操作系统用于管理系统资源

D．操作系统是最重要的系统软件

44．家庭用户的计算机使用电话线，采用拨号方式接入互联网需要具备（　　）。

A．电话机　　B．DVD-ROM　　C．Modem　　D．卫星接收器

45．以下选项中不属于计算机特点的一项是（　　）。

A．自动执行功能　　B．高速、精确的运算能力

C．准确的逻辑判断能力　　D．科学计算

46．下列关于计算机病毒的叙述中，正确的是一项是（　　）。

A．计算机病毒具有自我复制的特点

B．装一种杀毒软件可以查杀所有类型的病毒

C．计算病毒是一种有逻辑错误的小程序

D．感染过计算机病毒的计算机具有对该病毒的免疫性

47．计算机中用于控制和协调计算机各部件自动、连续地执行各条指令的部件，通常称为（　　）。

A．存储器　　B．主机板　　C．运算器　　D．控制器

48．以下属于 RAM 的特点的是（　　）。

A．能存储海量的信息

B．属于永久性存储器

C．存储在其中的数据不能改写

D．它是临时性存储器，存储的信息容易丢失且不可恢复

49．下列有关外存储器的描述中不正确的是（　　）。

A．硬盘既是输入设备，也是输出设备

B．U 盘、硬盘、磁带、光盘都属于外存储器

C．外存储器中所存储的信息，断电后信息也会随之丢失

D．外存储不能被 CPU 直接访问，必须通过内存才能被 CPU 所使用

50．以下不能用作光学字符阅读器的是（　　）。

A．条形码阅读器　　B．光学扫描仪　　C．键盘　　D．数码相机

单项选择题综合训练(二)

1. 以下不属于显示器的性能指标的是(　　)。
A. 像素的点距　B. 分辨率　C. 显示器尺寸　D. 重量
2. 以下全属于计算机输出设备的一组是(　　)。
A. 音箱、条形码阅读器　B. 打印机、绘图仪
C. 投影仪、键盘　D. 麦克风、扫描仪
3. 计算机能直接识别、执行的语言是(　　)。
A. 自然语言　B. 汇编语言　C. 机器语言　D. 高级语言
4. 以下属于计算机高级程序设计语言的是(　　)。
A. 汇编语言　B. 机器语言　C. C 语言　D. 自然语言
5. 计算机软件分为(　　)。
A. 程序和数据　B. 操作系统和语言处理程序
C. 系统软件和应用软件　D. 程序、数据与相关的文档
6. 以下不属于计算机网络连接设备的是(　　)。
A. 路由器　B. 交换机　C. 调制解调器　D. 显示器
7. 通常用带宽衡量网络速率,如带宽为 10M,其单位是(　　)。
A. bit/s　B. MIPS　C. Byte/s　D. Hz
8. 以下哪种网络传输介质,其传输速度快、抗干扰能力强、稳定性好(　　)。
A. 无线电波　B. 光缆　C. 双绞线　D. 同轴电缆
9. 在百度网站交互式检索、浏览信息,属于互联网应用中的(　　)。
A. E-mail　B. FTP　C. Telnet　D. WWW
10. 以下属于正确的 IP 地址的一项是(　　)。
A. 120.1.256.0　B. 300.120.7.1
C. 101.102.1　D. 140.105.0.10
11. 以下有关域名的说法中不正确的是(　　)。
A. 域名具有全球唯一性
B. 一个域名只能对应一个 IP 地址
C. 域名就是 IP 地址
D. 域名表示一台主机或一个网络系统在网络上的名字
12. 域名 www.163.net 中,“net”所表示的网站性质是(　　)。
A. 商业机构　B. 非营利性组织
C. 教育机构　D. 网络服务组织
13. Internet 是由遍布全球的无数台电脑互联而成的,因特网上电脑的互联主要使用(　　)。
A. 路由器　B. Modem　C. 电话机　D. 网关
14. “超文本传输协议”简称为(　　)。
A. HMTL　B. FTP　C. HTTP　D. ADSL
15. 域名与 IP 地址之间的相互转换通过(　　)。

A. 子网掩码　　B. 网关

C. DNS 服务器　　D. IE 浏览器

16. 用户要将计算机接入互联网,电脑中必须安装的协议是(　　)。

A. IPX/SPX　　B. TCP/IP　　C. PPPOE　　D. NETBIOS

17. 在浏览一个网页时若想查看该网页上的最新内容,必须单击浏览器工具栏上的按钮是(　　)。

A. 主页　　B. 前进　　C. 刷新　　D. 搜索

18. 采用输入关键词进行搜索的搜索引擎属于(　　)。

A. 分类搜索　　B. 内容搜索　　C. 人工搜索　　D. 全文搜索

19. 以下有关电子邮件的说法中正确的是(　　)。

A. 没有主题的邮件不能发送　　B. 没有内容的邮件不能发送

C. 没有收件人的邮件不能发送　　D. 没有附件的邮件不能发送

20. 以下属于正确的 E-mail 地址的是(　　)。

A. xysp$sina. com　　B. xysp@sina. com

C. xysp#sina. com　　D. sina. com@xysp

21. 在 Internet 中,采用 IPV4 版本的 IP 地址,其最大长度是(　　)。

A. 8 位　　B. 16 位　　C. 32 位　　D. 64 位

22. 键盘上"数字锁定键"是(　　)。

A. Backspace　　B. Shift　　C. Caps Lock　　D. Numlock

23. 在微机的配置中常看到"酷睿 i5 2.4G"字样,其中数字 2.4G 表示(　　)。

A. 处理器的时钟频率是 2.4GHz　　B. 处理器的运算速度是 2.4GIPS

C. 处理器是酷睿 i5　第 2.4 代　　D. 内存的容量是 2.4GB

24. 有关 RAM 特点的叙述中正确的是(　　)。

A. 可随机读写数据,断电后数据将全部丢失

B. 可随机读写数据,断电后数据将部分丢失

C. 只能顺序读写,断电后数据都不丢失

D. 只能顺序读写,断电后数据将全部丢失

25. 为了区分各种进制的数据,通过在数值的后面加字母,其中用于表示十六进制数的字母是(　　)。

A. O　　B. H　　C. B　　D. D

26. 以下有关邮件附件的说法中不正确的是(　　)。

A. 附件的大小没有限制　　B. 利用附件可以发送文件

C. 附件可以是任意格式的文件　　D. 一封邮件可以添加多个附件

27. 支付宝是一种(　　)。

A. 网聊工具　　B. 网购平台

C. 网络存储工具　　D. 网络交易工具

28. 发送邮件使用的协议是(　　)。

A. POP3　　B. HTTP　　C. SMTP　　D. NETBUI

29. Windows 中的"剪贴板"是指(　　)。

A. 硬盘中的一块区域　　B. 软盘中的一块区域

C. 高速缓存中的一块区域　　D. 内存中的一块区域

30. 下列选项中属于多媒体的“媒体”的是(　　)。

A. 图像处理软件　　B. 主机和外设

C. 光驱、显卡和音箱　　D. 图像、声音和视频

31. 以下哪项不属于计算机的特点(　　)。

A. 计算精度高　　B. 存储容量大

C. 操作步骤繁杂　　D. 自动执行程序

32. 图像的色阶表示(　　)。

A. 图像颜色的深浅程度　　B. 图像轮廓的清晰度

C. 图像色彩的亮度　　D. 图像颜色的种数

33. 用4位二进制数能表示的颜色种数是(　　)。

A. 4　　B. 2　　C. 8　　D. 16

34. 在利用ACDSee对图像进行处理时，不可以进行(　　)。

A. 旋转/翻转　　B. 裁切指定大小的一部分

C. 调整图片色彩　　D. 给人物设置动作

35. 欲将一张曝光过度的照片，降低曝光度，可以使用以下哪组软件(　　)。

A. 美图秀秀、ACDSee　　B. 画图、会声会影

C. Photoshop、Cool Edit　　D. PowerPoint、Premiere

36. “亮剑”是一部电影，它不可能的格式是(　　)。

A. avi　　B. mpeg　　C. wmv　　D. wav

37. 要给视频添加一行字幕不可以使用以下哪个软件(　　)。

A. 会声会影　　B. Premiere　　C. Movie Maker　　D. 音频解霸

38. 会影响数字图像质量的主要参数有(　　)。

A. 分辨率、存储器大小、图像处理技术

B. 颜色深度、分辨率、图像尺寸

C. 颜色深度、图像文件大小、显示器质量

D. 颜色深度、分辨率、存储器空间大小

39. 采集声音时，会影响音频质量的主要参数有(　　)。

① 采样频率　② 录制时长　③ 量化位数　④ 声道数

A. ①②③　　B. ①③④　　C. ①②④　　D. ②③④

40. 目前各部门广泛使用的人事档案管理、财务管理等软件，按计算机应用分类，属于(　　)。

A. 过程控制　　B. 科学计算　　C. 计算机辅助工程　　D. 数据处理

41. 杨丽需要从一个视频文件中截取一段，不可以使用以下哪个软件(　　)。

A. 超级解霸　　B. QQ影音

C. ACDSee　　D. Vedio Studio

42. 将一个大小为200GB的视频文件，采用压缩比率为100∶1的标准压缩后，其容量为(　　)GB。

A. 200　　B. 100　　C. 2　　D. 1

43. 下列属于计算机感染病毒迹象的是(　　)。

A. 文件被修改,不能正常运行

B. 装入程序的时间比平时长,运行异常

C. 设备有异常现象,如显示怪字符,磁盘读不出

D. 以上都是

44. 利用 Media Player 软件无法打开的文件是(　　)。

A. 青山绿水. wma　　B. 青山绿水. mp3

C. 青山绿水. wmv　　D. 青山绿水. gif

45. CPU 中,除了内部总线和必要的寄存器外,主要的两大部分分别是运算器和(　　)。

A. 控制器　　B. 存储器　　C. Cache　　D. 编辑器

46. 以下全属于计算机病毒特点的一组是(　　)。

A. 隐蔽性、激发性、破坏性　　B. 隐蔽性、破坏性、免疫性

C. 潜伏性、可触发性、易读性　　D. 传染性、潜伏性、安全性

47. 要利用计算机录制一段声音,电脑必须具备(　　)。

A. 声卡　　B. 录音程序　　C. 麦克风　　D. 以上全是

48. 下列行为中,应用到多媒体技术的是(　　)。

A. 和同学面对面聊天

B. 教师借助动画演示地球绕太阳转动

C. 在线翻译英文稿件

D. 给同学发送电子邮件

49. 以下不属于多媒体特点的是(　　)。

A. 数字化　　B. 集成性　　C. 交互性　　D. 复杂化

50. 下列关于存储单位换算不正确的是(　　)。

A. 1024MB=1GB　　B. 1bit=8B

C. 1024B=1KB　　D. 1024KB=1MB

单项选择题综合训练(三)

1. 在因特网的下列应用中,对带宽要求最高的是(　　)。
   A. 语音聊天　　B. 网上购物
   C. 视频点播　　D. 收发不带附件的邮件
2. 某些病毒发作时,计算机的文件图标被修改,说明计算机病毒具有(　　)。
   A. 潜伏性　　B. 可触发性　　C. 传染性　　D. 表现性
3. 下列属于超文本标记语言的是(　　)。
   A. HMTL　　B. FTP　　C. HTTP　　D. TCP/IP
4. 使用机器语言编程时,其指令使用的数制是(　　)。
   A. 二进制　　B. 十进制　　C. 八进制　　D. 十六进制
5. 下列选项中,不属于虚拟现实技术应用的是(　　)。
   A. 军事模拟作战系统　　B. 武器搬运机器人
   C. 飞行员仿真培训系统　　D. QQ 宠物
6. 利用计算机集成文字、声音、图像、视频等媒体,体现了信息技术中的(　　)。
   A. 多媒体技术应用　　B. 虚拟技术应用
   C. 智能技术应用　　D. 网络技术应用
7. 小明想下载一部高清电影,不可以使用的软件是(　　)。
   A. 酷狗　　B. 迅雷　　C. 快车　　D. 网络蚂蚁
8. URL 地址"http://www.cntv.cn"中的"cntv.cn"表示(　　)。
   A. 计算机　　B. 域名　　C. 协议　　D. 文档名
9. 下列选项中,可以在因特网上传输的是(　　)。
   ① 声音　② 图像　③ 文字　④ 快递邮包
   A. ①②③　　B. ②③④　　C. ①③④　　D. ①②④
10. 从网址"http://www.fzu.edu.cn"中,可以判断该网站属于(　　)。
    A. 政府机构　　B. 商业机构　　C. 教育机构　　D. 军事机构
11. 下列选项中,不属于 Flash 动画文件存储格式的是(　　)。
    A. GIF　　B. FLA　　C. SWF　　D. tif
12. 多媒体信息集成软件 PowerPoint 的主要特点有(　　)。
    ① 集成性　② 交互性　③ 数字化　④ 广泛性
    A. ①②④　　B. ②③④　　C. ①③④　　D. ①②③
13. 由"0"和"1"组成的代码指令组表示的语言是(　　)。
    A. 自然语言　　B. 机器语言　　C. 汇编语言　　D. 高级语言
14. 下列选项中,不属于多媒体技术应用的是(　　)。
    A. 制作动画　　B. 制作演示文稿
    C. 召开视频会议　　D. 统计学生成绩
15. 下列三种语言中,按照对计算机硬件依赖程度从低到高排列顺序正确的是(　　)。
    A. 高级语言、汇编语言、机器语言　　B. 机器语言、汇编语言、高级语言
    C. 高级语言、机器语言、汇编语言　　D. 汇编语言、高级语言、机器语言

16. 下列选项中，违反《计算机软件保护条例》的是(　　)。

A. 使用教学配套的学习光盘

B. 购买、使用正版软件

C. 下载安装免费的杀毒软件

D. 破解正版软件

17. 下列关于遵守网络道德规范的叙述，正确的一项是(　　)。

A. 在互联网上公布他人的隐私

B. 在因特网上随意传播不健康的信息

C. 指导他人制作黑客

D. 网络文章合理引用他人的作品时应注明出处

18. 下列选项，属于因特网中实时交流信息的方式有(　　)。

① 网络视频会议　② QQ 视频对话　③ 电子邮件　④ 网络调查

A. ①②　　B. ②③　　C. ③④　　D. ①③

19. 下列关于搜索引擎的说法，不正确的一项是(　　)。

A. 全文搜索也称为关键词搜索

B. 目录搜索是将各个网站的信息按主题分类供人们查找

C. 全文搜索是指用代表所需信息主题的关键词进行信息查询

D. 不同的搜索引擎搜索到的结果都是一样的

20. 某同学使用搜索引擎查找有关熊猫生活习性的资料。对此，最佳搜索关键词是(　　)。

A. 熊猫　资料　　B. 熊猫　生活习性　　C. 熊猫　　D. 习性

21. 语音输入法主要采用了人工智能中的(　　)。

A. 专家系统　　B. 模式识别技术　　C. 机器翻译　　D. 电脑机器人

22. 虚拟的网络社会中也需要有一定的礼仪。下列选项中，符合使用电子邮件礼仪要求的是(　　)。

A. 输入邮件主题，呈现邮件主要内容

B. 信件的内容越长越好

C. 附件容量越大越好

D. 随意给他人发送邮件

23. 下列不属于使用网络获取信息的方法是(　　)。

A. 查询在线数据库　　B. 使用百度查找信息

C. 拨打客服电话　　D. 浏览专家博客

24. IE 浏览器中的收藏夹主要用于收藏(　　)。

A. 经常要浏览的网页地址　　B. 经常使用的收件人地址

C. 经常要联系的电话号码　　D. 已浏览过的网页地址

25. 当发现计算机系统受到计算机病毒侵害时，应采取的合理措施是(　　)。

A. 立即对计算机进行病毒检测、杀毒

B. 立即断开网络，以后不再上网

C. 重新启动计算机，重装操作系统

D. 立即删除可能感染病毒的所有文件

26. 当 CIH 病毒发作时，会覆盖掉硬盘中的大部分数据，这主要体现计算机病毒特征是

(　　)。

A. 隐蔽性　　B. 破坏性　　C. 可触发性　　D. 潜伏性

27. 划分二维动画与三维动画的主要依据是(　　)。

A. 生成方式　　B. 空间视觉　　C. 播放软件　　D. 主观映像

28. 计算机存储信息的最小单位是(　　)。

A. 位　　B. 字节　　C. 字长　　D. 字

29. 计算机的硬件分为五大部件,即输入设备、输出设备、运算器、控制器和(　　)。

A. 内存　　B. 存储器　　C. CPU　　D. 总线

30. 下列关于保护知识产权的叙述中,不正确的是(　　)。

A. 作为软件的使用者,应自觉使用正版软件

B. 未经软件版权人的允许,不得对其软件进行修改

C. 在自己的作品中引用他人的作品时,不必注明引用信息的来源

D. 购买盗版软件是一种侵权行为

31. 在多媒体作品中,用户可以实现对信息的主动选择和控制,这主要体现了多媒体技术的(　　)特点。

A. 非线性　　B. 多样化　　C. 集成性　　D. 交互性

32. 以下多媒体作品是基于时间顺序播放的是(　　)。

A. 网页　　B. PPT 课件　　C. 动画和视频　　D. 销售数据库

33. 下列文件格式中,属于图像文件格式的是(　　)。

① JPEG　② RTF　③ HTML　④ PNG　⑤ GIF

A. ①④⑤　　B. ①③④　　C. ①②④　　D. ②③④

34. 下列属于多媒体信息集成软件的是(　　)。

A. AcdSee　　B. OutLook　　C. Access　　D. PowerPoint

35. 采用以下有关声音的采样和量化指标录制的声音,哪项声音效果最好(　　)。

A. 采样频率为 44.1KHZ,量化位数为 8 位,单声道

B. 采样频率 44.1KHZ,量化位数为 16 位,双声道

C. 采样频率 16KHZ,量化位数为 16 位,单声道

D. 采样频率 16KHZ,量化位数为 8 位,双声道

36. 助借动画和视频表达信息的优越性是(　　)。

A. 内容单一　　B. 操作简便　　C. 存储空间小　　D. 视觉效果好

37. 工信部向中国联通、中国电信、中国移动正式发放了“第四代移动通信业务”牌照(简称 4G 牌照)。由此可以看出,4G 代表一种新的(　　)。

A. 生物工程技术　　B. 通信技术　　C. 医疗技术　　D. 制造技术

38. 以下哪组方法可以获取多媒体视频素材(　　)?

① 光盘复制　② 网络下载　③ 扫描输入　④ 电视节目录制　⑤ 摄像机拍摄

A. ②③④⑤　　B. ①②③④　　C. ①②③⑤　　D. ①②④⑤

39. IE 浏览器中,在地址栏上输入一串字符:“http://www.baidu.com”,下面有关说法中不正确的是(　　)。

A. 这串字符被称为 URL 路径　　B. http 表示协议

C. www 表示域名　　D. com 表示商业组织

40. 要保存当前打开的网页上的内容,以下方法不可行的是(　　)。
　A. 直接将当前网页添加到收藏夹
　B. 按 Print Screen 键对当前网页截屏
　C. 使用复制、粘贴的方法保存网页上的文字
　D. 利用“文件”菜单下的“另存为”命令保存当前网页
41. 以下设备不能用于存储信息的是(　　)。
　A. U 盘　　B. 硬盘　　C. 移动磁盘　　D. 显示卡
42. 公安人员为了破获一起抢劫案件,为此他们赶赴现场采访部分目击者。他最适合携带的信息采集工具是(　　)。
　A. 录音笔、扫描仪　　B. 录音笔、数码相机
　C. 普通相机、笔记本电脑　　D. 数码摄像机、打印机
43. 在使用 IE 浏览器浏览网页的过程中,如果单击浏览器工具栏上的“最小化”按钮,将该窗口缩小至任务栏上,这时网页的下载过程将(　　)。
　A. 中断　　B. 继续
　C. 暂停　　D. 速度明显减慢
44. 下列不属于在因特上发布信息的行为是(　　)。
　A. 在微博上发表日志　B. 浏览百度新闻
　C. 更新 QQ 空间内容　D. 将照片上传到微信朋友圈
45. 计算机网络根据覆盖范围分类,可分为局域网、城域网和(　　)。
　A. 互联网　　B. 校园网　　C. 广域网　　D. 无线网
46. Internet 的应用非常广泛,其最初设计时主要用于(　　)。
　A. 军事　　B. 教育　　C. 科研　　D. 经济
47. 下列说法中错误的是(　　)。
　A. 因特网中的 IP 地址是唯一的
　B. 一个 IP 地址可以对应多个域名
　C. 拨号上网不需要 IP 地址
　D. IP 地址由网络地址和主机地址组成
48. 以下有关 WWW 的说法中不正确的是(　　)。
　A. WWW 又称为万维网
　B. WWW 采用的通信协议是 HTTP
　C. WWW 采用超文本方式组织信息
　D. WWW 是一个网络管理工具
49. 在访问某网站时,由于某些原因造成网页末完整显示,可通过单击什么按钮重新传输(　　)。
　A. 主页　　B. 停止　　C. 刷新　　D. 收藏
50. 为解决 CPU 和内存之间速度不匹配的问题,计算机中需要配置(　　)。
　A. 闪存　　B. 只读存储器 ROM
　C. 高速缓冲存储器(Cache)　　D. 随机存储器 RAM

单项选择题综合训练(四)

1. 键盘上的退格键是(　　)。
   A. Backspace　B. Delete　C. Shift　D. PageUp
2. 计算机中存储单位"Byte"表示(　　)。
   A. 字节　B. 字长　C. 位　D. 字
3. ACDSee 软件的功能不包括(　　)。
   A. 消除红眼　B. 调整曝光
   C. 批量调整图像大小　D. 制作 VCD
4. 要编辑一个 bmp 格式的文件不可以使用(　　)。
   A. ACDSee　B. Word2010　C. Photoshop　D. 画图程序
5. 以下不属于防火墙功能的是(　　)。
   A. 起隔离作用　B. 强化网络安全策略
   C. 网络流量的分配　D. 网络访问权限的控制
6. 计算机硬件系统分为(　　)。
   A. 主机和输出设备　B. CPU 和存储器
   C. 主机和外部设备　D. CPU 和外部设备
7. 计算机体系结构的设计思想是由谁提出的(　　)。
   A. 图灵　B. 冯·诺依曼　C. 比尔·盖茨　D. 乔布斯
8. 下列汉字输入法中,重码率比较低的是(　　)。
   A. 智能 ABC 输入法　B. 全拼输入法
   C. 搜狗拼音输入法　D. 五笔字型输入法
9. 显示器的清晰度主要决定于(　　)。
   A. 显示器的尺寸　B. 显示器的类型
   C. 显存的大小　D. 显示器的分辨率
10. 十六进制的数码个数是(　　)。
    A. 2　B. 10　C. 8　D. 16
11. 已知字母"A"的 ASCII 码是十进制数 65,则英文字母"E"的 ASCII 码是(　　)。
    A. 67　B. 68　C. 69　D. 97
12. 计算机中既可以作为输入设备又可以作为输出设备的是(　　)。
    A. 键盘　B. 显示器　C. 磁盘驱动器　D. 绘图仪
13. 用计算机进行资料检索工作是属于计算机应用中的(　　)。
    A. 科学计算　B. 数据处理　C. 实时控制　D. 人工智能
14. 汉字字库中存储的是汉字的(　　)。
    A. 输入码　B. 字形码　C. 机内码　D. 区位码
15. 微型计算机总线包括地址总线、数据总线和(　　)。
    A. 串行总线　B. 并行总线　C. USB 数据线　D. 控制总线
16. HTTP 是指(　　)。
    A. 超媒体文件　B. 超文本传输协议

C．超文本文件　　D．超文本标记语言

17. 要想在 IE 中看到您最近访问过的网站的列表可以(　　)。

A．单击“后退”按钮　B．单击“主页”按钮

C．单击“收藏”按钮　D．单击“标准按钮”工具栏上的“历史”按钮

18. 下列不属于多媒体在通讯领域应用的是(　　)。

A．智能办公　B．视听会议　C．视频聊天　D．远程医疗

19. 下面设备中，不属于计算机中常用的图像输入设备的是(　　)。

A．数码相机　B．彩色扫描仪

C．条码读写器　D．数码摄像机

20. 在 Outlook 中收到一封邮件，再把它寄给别人，一般可以用(　　)。

A．回复　B．转发　C．发送　D．抄送

21. 当电子邮件在发送过程中有误时，则(　　)。

A．邮件将丢失　B．邮局将自动把有误的邮件删除

C．邮局会将原邮件退回，并给出不能寄达的原因

D．邮局会将原邮件退回，但不给出不能寄达的原因

22. 计算机网络的功能不包括(　　)。

A．资源共享　B．文件传输　C．数据通信　D．病毒预防

23. 下列属于可用于上网的 IP 地址的是(　　)。

A．192.168.10.1.2　B．192.168.1

C．192.168.1.2　D．192.168.257.1

24. 第二代计算机采用的电子器件是(　　)。

A．晶体管　B．中小规模集成电路

C．电子管　D．超大规模集成电路

25. 把资料从本地计算机复制到远程主机上称为(　　)。

A．下载　B．上传　C．传输　D．运输

26. 以下不属于计算安全防范措施的是(　　)。

A．安装防火墙　B．设置指纹密码

C．数字签名　D．提升网络带宽

27. 以下关于存储器的说法中不正确的是(　　)。

A．RAM 表示随机存储器　B．ROM 表示只读型存储器

C．Cahce 表示闪存　D．所有存储器都具有记忆功能

28. 以下不属于平面设计的是(　　)。

A．广告宣传单设计　B．设计动漫

C．海报展板设计　D．艺术照片处理

29. 微机中用户可用的内存容量是指(　　)。

A．ROM 的容量　B．RAM 的容量

C．ROM 与 RAM 的容量　D．所有存储器的总容量

30. 域名服务器(DNS 服务器)上存放着因特网主机的(　　)。

A．IP 地址　B．域名

C．域名或 IP 地址　D．域名和 IP 的对照表

31. 运算器的主要功能是(　　)。
　A. 分析指令并进行译码
　B. 实现算术和逻辑运算
　C. 按主频指标规定发出时钟脉冲
　D. 保存各种指令信息供系统其他部件使用
32. 计算机内存储器比外存储器(　　)。
　A. 可靠性高　　B. 价格便宜
　C. 存储容量大　　D. 读写速度快
33. 以下软件中属于应用软件的是(　　)。
　A. Basic 解释程序　　B. 数据库管理系统
　C. Pascal 编译程序　　D. 财务管理系统
34. 下列属于击打式打印机的是(　　)。
　A. 喷墨打印机　　B. 针式打印机　　C. 静电式打印机　　D. 激光打印机
35. 以下有关网络基础知识的说法中不正确的是(　　)。
　A. 光纤采用激光通信
　B. 互联网只能采用无线传输介质
　C. 当前很多手机采用外红线接收网络信号
　D. 蓝牙是设备是一种无线信号发射与接收装置
36. WWW 页面是一个(　　)。
　A. Windows 文件　　B. 超文本文件　　C. 二进制文件　　D. 程序文件
37. 网络中常用的设备"路由器"是一种(　　)。
　A. 无线装置
　B. 连接计算机网络的设备
　C. 语音信号与计算机信号的转换设备
　D. 数字信号与模拟信号的转换器
38. 在模拟音频数字化过程中,影响数字音频信号质量的主要技术指标是(　　)。
　A. 压缩和解压缩技术　B. 录音和播放软件
　C. 录音的速度和时长　D. 采样频率和采样精度
39. 以下不属于现代通信技术的是(　　)。
　A. 无线网络　　B. 光纤通信　　C. 卫星通信　　D. 烽火和狼烟
40. 小华同学欲网购一个 MP4 播放器,以下不适合的网站是(　　)。
　A. 淘宝　　B. 京东商城　　C. 亚马逊　　D. 网易
41. 小婧同学在网络上点击一幅灯的图片时,图片居然会点亮和发光,说明该图片的文件格式是(　　)。
　A. PNG　　B. JPEG　　C. GIF　　D. TIFF
42. 通常我们所说的 32 位机,指的是这种计算机的 CPU(　　)。
　A. 是由 32 个运算器组成
　B. 一次能够同时处理 32 位二进制数据
　C. 包含 32 个寄存器
　D. 一共有 64 个运算器和控制器

43. 为解决某一特定问题而设计的指令序列称为(　　)。

A. 文档　　B. 系统　　C. 语言　　D. 程序

44. 瑞星杀毒软件(　　)。

A. 不需要定期升级就可以查杀毒素

B. 可以查杀所有计算机病毒

C. 可以查杀所有已知计算机病毒

D. 可以查杀大部分已知计算机病毒

45. 若显示屏的分辨率是 1024 * 768,一幅 256 * 192 的图像占显示屏的(　　)。

A. 1/2　　B. 1/4　　C. 1/16　　D. 1/8

46. 现在很多图像色彩模式都是采用 RGB, RGB 模式包含的三种基本颜色是(　　)。

A. 白色、黑色、红色　　B. 红色、绿色、蓝色

C. 青色、蓝色、紫色　　D. 棕色、黄色、白色

47. 一幅由像素点组成的位图,把图像放大 5 倍则(　　)。

A. 不失真　　B. 图像变模糊　　C. 质量保持不变　　D. 色彩变丰富

48. 利用格式工厂不能完成的操作是(　　)。

A. 把 WAV 格式文件转变为 MP3 格式

B. 把 AVI 格式文件转变为 MP4 格式

C. 把 BMP 格式文件转变为 JPG 格式

D. 把 MPG 文件转变为 TXT 格式

49. 要利用网络发布、分享自己的学习感想,不可以使用(　　)。

A. 迅雷　　B. 微信　　C. QQ　　D. 博客

50. 利用 MSN 与网友互动,这属于计算机网络哪方面的应用(　　)。

A. 万维网　　B. 资源下载　　C. 网络通信　　D. 协同处理

单项选择题综合训练(五)

1. 达芬奇机器人是一种高级机器人平台,被应用于泌尿外科、儿童外科等相关手术。这主要体现计算机的应用领域是(　　)。

   A. 网络技术　　B. 数据处理技术　　C. 人工智能　　D. 多媒体技术

2. 下列选项中,最安全的密码是(　　)。

   A. kkk333　　B. Li * 9kA　　C. AAAbbb　　D. xiuBI88

3. 下列叙述中错误的一条是(　　)。

   A. 微型计算机机房湿度不宜过大

   B. 微型计算机应避免磁场的干扰

   C. 微处理器的主要性能指标是字长和主频

   D. 内存容量是指硬盘所能容纳信息的字节数

4. 当关闭计算机时以下哪个对象或设备中存储的数据将全部丢失(　　)?

   A. RAM　　B. 回收站　　C. U 盘　　D. 移动磁盘

5. "智慧课堂"系统其实是一种 CAI 方面的应用,CAI 是指(　　)。

   A. 远程教育　　B. 自动化控制系统

   C. 计算机辅助设计　　D. 计算机辅助教学

6. 下列都属于实时信息交流方式的是(　　)。

   A. IP 电话、电子邮件　　B. IP 电话、MSN 聊天

   C. 手机微信、微博　　D. 电子邮件、BBS 论坛

7. 要向网友发送一个图像文件,不可以使用(　　)。

   A. QQ　　B. 微信　　C. E-mail　　D. 金山画王

8. 按电子计算机的发展年代划分,第一代至第四代计算机依次是(　　)。

   A. 模拟计算机,数字计算机,电子管计算机,集成电路计算机

   B. 机械式计算机,个人计算机,微型计算机,巨型机

   C. 电子管计算机,半导体计算机,集成电路计算机,大规模集成电路计算机

   D. 电子管计算机,晶体管计算机,中小规模集成电路计算机,大规模、超大规模集成电路计算机

9. 要防止网银账户密码被盗,计算机需要安装(　　)。

   A. 上网助手　　B. 防火墙

   C. 浏览器　　D. 数据加密软件

10. 以下不属于网页超链接的特点的是(　　)。

    A. 文字带下划线　　B. 文字带特殊颜色

    C. 文字带动画效果　　D. 鼠标指针指向时指针变成小手形状

11. 将手机设置成便携式热点便于(　　)。

    A. 节约带宽　　B. 远程控制

    C. 共享无线上网　　D. 提高网速

12. 能实现计算机记忆功能的部件是(　　)。

    A. 输入设备　　B. 运算器　　C. 存储器　　D. 微处理器

13. 通常所说的打开一个文件是指(　　)。

A. 将文件从高速缓存 Cache 装入 CPU

B. 将文件从内存调入 CPU

C. 将文件从 U 盘拷贝到硬盘

D. 将文件从外存调入内存

14. 下列属于视频文件格式的是(　　)。

A. swf　　B. wmv　　C. xlss　　D. wav

15. 下列全属于系统软件的是一组是(　　)。

A. Word、Excel、PowerPoint

B. Unix、Windows 7、Foxpro

C. Windows 7、Office、WinRAR

D. RealPlayer、Visual Basic、Photoshop

16. 键盘上向上翻页键是(　　)。

A. Page Up　　B. Home　　C. Caps lock　　D. Page Down

17. 随机存储器 RAM 的功能为(　　)。

A. 只能读不能写　　B. 断电后信息不丢失

C. 存取速度慢　　D. 能与 CPU 直接交换信息

18. 要播放视频文件不可以使用(　　)。

A. 超级解霸　　B. 暴风影音　　C. Media Player　　D. 音频解霸

19. 下列全属于数字图像采集工具的是(　　)。

A. 扫描仪、绘图仪　　B. 扫描仪、数码相机

C. 手写板、智能手机　　D. 数码相机、键盘

20. 下列计算机应用项目中,属于数值计算应用领域的是(　　)。

A. 专家系统　　B. 情报检索　　C. 天气预报　　D. 文字处理

21. 在计算机内存中要存放 1024 个 ASCII 码字符,需要占用的存储空间是(　　)。

A. 1024B　　B. 2048B　　C. 1MB　　D. 2KB

22. CGA、EGA、VGA 是计算机哪种硬件的规格和性能的标志(　　)。

A. 打印机　　B. 显示器　　C. 存储器　　D. 麦克风

23. 以下哪项不属于计算机的发展趋势(　　)。

A. 巨型化　　B. 多媒体化　　C. 网络化　　D. 功能简单化

24. 下列有关存储器读写速度的排列,正确的是(　　)。

A. RAM＞Cache＞硬盘＞U 盘　　B. Cache＞RAM＞硬盘＞U 盘

C. Cache＞硬盘＞RAM＞U 盘　　D. RAM＞硬盘＞U 盘＞Cache

25. 计算机最基础、最重要的系统软件是(　　)。

A. 数据库管理系统　　B. 文字处理软件

C. 操作系统　　D. 电子表格软件

26. MIPS 用于描述计算机的运算速度,其含义是(　　)。

A. 每秒钟处理百万个字符　　B. 每秒钟 CPU 发出的脉冲个数

C. 每分钟读取百万条指令　　D. 每秒钟处理百万条指令

27. Internet 上每个网站都有一个符号化的网址,称为(　　)。

A. IP 地址　　B. URL　　C. 邮件地址　　D. 物理地址

28. 以下不属于 Internet 服务的是(　　)。

A. 信息查询　　B. 文件传输　　C. 数据通信　　D. 货物快递

29. 从域名 www. fjsw. gov. cn 中可以看出,其所属的机构类别是(　　)。

A. 商业　　B. 教育

C. 政府　　D. 非盈利性组织

30. 关于计算机病毒的叙述中,不正确的是(　　)。

A. 装有杀毒软件的计算机就不会感染病毒

B. 计算机病毒会伪装成正常程序而不容易被发现

C. 计算机病毒寄生在正常的程序中具有潜伏性

D. 计算机病毒通过不断自我复制传染给正常的计算机

31. 在计算机硬件系统组成中,属于控制器作用的一项是(　　)。

A. 进行算术和逻辑运算　　B. 存储程序和数据

C. 分析、指行指令　　D. 提高运行速度

32. 以下属于可执行文件类型的是(　　)。

A. com　　B. exe　　C. dat　　D. A 与 B 项

33. 以下不属于多媒体技术应用的是(　　)。

A. 玩 3D 游戏　　B. 视频在线点播

C. 制作 Flash　　D. 统计绩效工资

34. 允许用户可反复读写的存储器是(　　)。

A. ROM　　B. CD-RW　　C. CD-R　　D. CD-ROM

35. 下列不属于 Premiere 视频加工软件功能的是(　　)。

A. 合成视频片断　　B. 添加字幕

C. 制作动画　　D. 播放视频文件

36. 与位图相比,矢量图的优点是(　　)。

A. 图像存储空间大　　B. 色彩丰富

C. 容易制作色彩变化多的图像　　D. 变形、缩放不影响图像的显示质量

37. QQ 影音不支持的文件格式是(　　)。

A. mov　　B. avi　　C. wmv　　D. bmp

38. 以下属于活动图像压缩标准的是(　　)。

A. mp3　　B. mpg　　C. jpg　　D. gif

39. 百度属于(　　)。

A. 内容搜索引擎　　B. 多媒体搜索引擎

C. 目录搜索引擎　　D. 全文搜索引擎

40. 在网络上下载文件使用的协议是(　　)。

A. HTTP　　B. TCP/IP　　C. FTP　　D. SMTP

41. 视频文件能播放活动的画面、声音及字幕等,这主要体现了多媒体技术的(　　)。

A. 集成性特征　　B. 交互性特征　　C. 实时性特征　　D. 数字化特征

42. 多媒体计算机要处理声音,电脑必须具备(　　)。

A. 网卡　　B. 视频采集卡　　C. 声卡　　D. SD 卡

43. 下列属于多媒体设备的是(　　)。

A. 交换机　　B. 电话机　　C. 光驱　　D. Modem

44. 按冯·诺依曼的观点,计算机由五大部分组成,它们是(　　)。

A. CPU、运算器、存储器、输入/输出设备

B. 控制器、运算器、存储器、输入/输出设备

C. CPU、控制器、存储器、输入/输出设备

D. CPU、存储器、输入/输出设备、外围设备

45. Internet 网中某一主机域名为:lab. scut. edu. cn,其中最高级域名部分为(　　)。

A. lab　　B. scut　　C. edu　　D. cn

46. 衡量网络上数据传输速率的单位是 bps,其含义是(　　)。

A. 信号每秒传输多少公里　　B. 每秒传送多少个数据

C. 每秒传送多少个二进制位　　D. 每秒传送多少个字节的数据

47. WWW 的网页文件是在什么协议支持下运行的(　　)。

A. FTP 协议　　B. HTTP 协议

C. SMTP 协议　　D. IPX/SPX 协议

48. 以下关于访问 WWW 站点的说法正确的是(　　)。

A. 只能输入 IP 地址　　B. 需同时输入 IP 地址和域名

C. 只能输入域名　　D. 可以输入 IP 地址或输入域名

49. 与内存相比,外存的主要优点是(　　)。

A. 存储容量大　　B. 信息可长期保存

C. 存储单位信息的价格便宜　　D. 存取速度快

50. 要剪辑一段音频不可以使用(　　)。

A. Audition　　B. Cool Edit　　C. ACdSee　　D. Wave Editor

教材理论知识练习参考答案

第一章　计算机基础知识

【专题一】

1. D　2. D　3. B　4. D　5. A　6. C　7. A　8. D　9. B　10. A　11. A　12. A　13. B　14. D　15. C　16. C　17. D　18. A　19. D　20. B

【专题二】

1. D　2. B　3. A　4. D　5. A　6. C　7. A　8. B　9. D　10. C　11. A　12. D　13. A　14. B　15. C　16. D　17. D　18. C　19. C　20. D

【专题三】

1. D　2. C　3. C　4. B　5. D　6. A　7. B　8. C　9. C　10. D　11. B　12. D　13. B　14. C　15. D　16. B　17. D　18. B　19. C　20. B

【专题四】

1. B　2. C　3. B　4. A　5. B　6. A　7. B　8. C　9. D　10. D　11. C　12. D　13. C　14. C　15. B　16. D　17. D　18. D　19. B　20. C

【专题五】

1. B　2. C　3. B　4. A　5. D　6. D　7. B　8. D　9. C　10. C　11. B　12. C　13. D　14. C　15. C　16. D　17. C　18. D　19. C　20. B

第二章　Windows 7 操作系统

【专题一】

1. B　2. C　3. C　4. B　5. D　6. A　7. D　8. C　9. B　10. D　11. A　12. B　13. C　14. B　15. B　16. D　17. A　18. C　19. C　20. A　21. D　22. C　23. B　24. D　25. A　26. A　27. B　28. A　29. B　30. D

【专题二】

1. B　2. D　3. B　4. C　5. C　6. D　7. D　8. B　9. C　10. B　11. D　12. D　13. B　14. C　15. D　16. C　17. D　18. A　19. D　20. B　21. B　22. A　23. C　24. D　25. A

【专题三】

1. A　2. B　3. D　4. D　5. D　6. C　7. B　8. D　9. B　10. B

【专题四】

1. D　2. D　3. B　4. A　5. B　6. B　7. D　8. B　9. B　10. C

第三章　因特网的应用

【专题一】

1. C　2. D　3. B　4. C　5. D　6. D　7. C　8. C　9. D　10. B

【专题二】

1. D 2. A 3. B 4. B 5. D 6. B 7. C 8. D 9. C 10. B 11. B 12. D 13. B 14. D 15. B 16. B 17. C 18. A 19. C 20. D 21. B 22. D

【专题三】

1. C 2. D 3. B 4. C 5. D 6. D 7. C 8. C 9. D 10. B 11. B 12. C 13. A 14. C 15. C 16. D 17. D 18. C 19. B 20. B 21. A 22. C 23. B 24. D 25. B

【专题四】

1. A 2. C 3. A 4. D 5. B 6. B 7. D 8. C 9. A 10. B 11. D 12. C 13. D 14. D 15. C

【专题五】

1. B 2. B 3. D 4. D 5. C 6. D 7. C 8. A 9. D 10. B

第四章　文字处理软件(Word 2010)的应用

1. C 2. B 3. D 4. D 5. C 6. A 7. C 8. A 9. B 10. D 11. B 12. B 13. A 14. C 15. B 16. A 17. C 18. B 19. C 20. D 21. C 22. C 23. A 24. C 25. B 26. B 27. C 28. C 29. D 30. B

第五章　电子表格处理软件(Excel 2010)的应用

1. B 2. B 3. C 4. D 5. C 6. C 7. B 8. A 9. A 10. B 11. D 12. B 13. D 14. D 15. C 16. D 17. D 18. D 19. C 20. C 21. A 22. A 23. D 24. B 25. D 26. D 27. D 28. C 29. B 30. D 31. B 32. B 33. C 34. B 35. D 36. C 37. C 38. B 39. D 40. A

第六章　多媒体软件应用

【专题一】

1. C 2. B 3. A 4. B 5. C 6. A 7. A 8. C 9. B 10. D 11. B 12. C 13. C 14. B 15. A 16. A 17. D 18. D 19. B 20. C

【专题二】

1. C 2. A 3. A 4. C 5. B 6. B 7. C 8. A 9. A 10. C

【专题三】

1. B 2. B 3. D 4. C 5. C 6. C 7. A 8. D 9. D 10. C

【专题四】

1. C 2. C 3. B 4. D 5. D 6. C 7. B 8. D 9. B 10. A

第七章 演示文稿处理软件(PowerPoint 2010)的应用

1. D 2. C 3. D 4. C 5. A 6. B 7. A 8. D 9. A 10. B 11. C 12. B 13. A 14. B 15. C 16. C 17. A 18. D 19. B 20. A

综合模拟测验选择题部分参考答案

综合模拟测验(一)

1. D 2. B 3. B 4. A 5. A 6. C 7. B 8. D 9. D 10. A 11. C 12. D 13. B 14. C 15. C 16. A 17. D 18. D 19. D 20. C

综合模拟测验(二)

1. A 2. B 3. C 4. B 5. C 6. A 7. C 8. A 9. D 10. C 11. C 12. A 13. C 14. A 15. D 16. D 17. B 18. B 19. D 20. A

综合模拟测验(三)

1. A 2. D 3. C 4. B 5. C 6. C 7. A 8. C 9. D 10. D 11. C 12. A 13. D 14. D 15. C 16. D 17. D 18. B 19. A 20. B

综合模拟测验(四)

1. B 2. A 3. D 4. C 5. D 6. C 7. D 8. D 9. C 10. C 11. A 12. A 13. C 14. A 15. D 16. B 17. C 18. D 19. D 20. B

综合模拟测验(五)

1. D 2. B 3. C 4. D 5. D 6. D 7. C 8. C 9. A 10. C 11. D 12. A 13. D 14. C 15. D 16. B 17. C 18. D 19. D 20. B

综合模拟测验(六)

1. D 2. B 3. D 4. B 5. B 6. C 7. C 8. D 9. A 10. C 11. D 12. C 13. A 14. D 15. D 16. D 17. D 18. C 19. B 20. C

综合模拟测验(七)

1. D 2. D 3. C 4. B 5. D 6. C 7. D 8. B 9. A 10. C 11. B 12. D 13. D 14. B 15. A 16. C 17. A 18. C 19. A 20. D

综合模拟测验(八)

1. C 2. D 3. D 4. C 5. A 6. D 7. A 8. B 9. C 10. C 11. B 12. D 13. A 14. D 15. C 16. C 17. A 18. D 19. D 20. A

综合模拟测验(九)

1. B 2. C 3. B 4. B 5. C 6. D 7. B 8. C 9. C 10. C 11. D 12. D 13. C 14. D 15. A 16. B 17. A 18. A 19. D 20. D

综合模拟测验(十)

1. D 2. C 3. B 4. A 5. D 6. C 7. A 8. C 9. D 10. B 11. C 12. A 13. B 14. D 15. B 16. A 17. D 18. B 19. C 20. A

单项选择题综合训练参考答案

单项选择题综合训练(一)

1. D　2. B　3. C　4. D　5. D　6. B　7. D　8. D　9. A　10. C　11. C　12. D　13. B　14. C　15. D　16. D　17. C　18. B　19. A　20. D　21. A　22. C　23. C　24. B　25. C　26. B　27. D　28. C　29. B　30. C　31. B　32. D　33. B　34. C　35. B　36. C　37. B　38. A　39. C　40. B　41. B　42. B　43. B　44. C　45. D　46. A　47. D　48. D　49. C　50. C

单项选择题综合训练(二)

1. D　2. B　3. C　4. C　5. C　6. D　7. A　8. B　9. D　10. D　11. C　12. D　13. A　14. C　15. C　16. B　17. C　18. D　19. C　20. B　21. C　22. D　23. A　24. A　25. B　26. A　27. D　28. C　29. D　30. D　31. C　32. C　33. D　34. D　35. A　36. D　37. D　38. B　39. B　40. D　41. C　42. C　43. D　44. D　45. A　46. A　47. D　48. B　49. D　50. B

单项选择题综合训练(三)

1. C　2. D　3. A　4. A　5. B　6. A　7. A　8. B　9. A　10. C　11. D　12. D　13. B　14. D　15. A　16. D　17. D　18. A　19. D　20. B　21. B　22. A　23. C　24. A　25. A　26. B　27. B　28. A　29. B　30. C　31. D　32. C　33. A　34. D　35. B　36. D　37. B　38. D　39. C　40. A　41. D　42. B　43. B　44. B　45. C　46. A　47. C　48. D　49. C　50. C

单项选择题综合训练(四)

1. A　2. A　3. D　4. B　5. C　6. C　7. B　8. D　9. D　10. D　11. C　12. C　13. B　14. B　15. D　16. B　17. D　18. A　19. C　20. B　21. C　22. D　23. C　24. A　25. B　26. D　27. C　28. B　29. B　30. D　31. B　32. D　33. D　34. B　35. B　36. B　37. B　38. D　39. D　40. D　41. C　42. B　43. D　44. D　45. B　46. B　47. B　48. D　49. A　50. C

单项选择题综合训练(五)

1. C　2. B　3. D　4. A　5. D　6. B　7. D　8. D　9. B　10. C　11. C　12. C　13. D　14. B　15. B　16. A　17. D　18. D　19. B　20. C　21. A　22. B　23. D

24. B 25. C 26. D 27. B 28. D 29. C 30. A 31. C 32. D 33. D 34. B 35. C 36. D 37. D 38. B 39. D 40. C 41. A 42. C 43. C 44. B 45. D 46. C 47. B 48. D 49. B 50. C